高等教育艺术设计系列教材

U0252791

快题设计与表达

主编　李梁军

清华大学出版社
北　京

内 容 简 介

本书以设计思维与快速表现的训练为主要教学手段,培养学生综合解决问题的能力,突出产品设计专业方向特色,着重培养学生在短时间内发现并解决一些具有代表性的设计问题,使学生掌握科学的设计理念与设计方法,能行之有效地将成功的设计展现出来。全书共5章,第1章主要讲解快题设计概念;第2~4章是本书重点,内容包括快题设计的程序与表现方法、快题设计思维方法与表达、快题设计教学案例,主要讲解了设计流程、设计分析方法、设计思维创意、快题设计表达。第5章主要对实践应用案例进行研究,以便将快题设计方法应用到市场实战中。本书突出了产品设计专业的侧重点和训练方法,大大增强了快题设计在教学中的针对性和科学性。

本书可作为艺术设计相关专业的教材,也可以作为产品设计相关专业人员的参考书,还可作为图书馆、资料室以及设计爱好者的工具书。

图书在版编目(CIP)数据

快题设计与表达/李梁军主编. —北京:清华大学出版社,2023.5(2024.9重印)
高等教育艺术设计系列教材
ISBN 978-7-302-63332-7

Ⅰ.①快… Ⅱ.①李… Ⅲ.①工业设计—高等学校—教材 Ⅳ.①TB47

中国国家版本馆 CIP 数据核字(2023)第 062999 号

责任编辑:张龙卿
封面设计:曾雅菲 徐巧英
责任校对:李 梅
责任印制:沈 露

出版发行:清华大学出版社
      网 址:https://www.tup.com.cn,https://www.wqxuetang.com
      地 址:北京清华大学学研大厦 A 座　　　　　邮 编:100084
      社 总 机:010-83470000　　　　　　　　　邮 购:010-62786544
      投稿与读者服务:010-62776969,c-service@tup.tsinghua.edu.cn
      质量反馈:010-62772015,zhiliang@tup.tsinghua.edu.cn
印 装 者:三河市人民印务有限公司
经 销:全国新华书店
开 本:210mm×285mm　　　印 张:10.25　　　字 数:290 千字
版 次:2023 年 7 月第 1 版　　　印 次:2024 年 9 月第 2 次印刷
定 价:69.00 元

产品编号:100725-01

前　言

本书对应的"快题设计与表达"课程荣获湖北省第七次优秀高等教育研究成果三等奖。本书主编与参编人员、任课教师团队围绕最新的人才培养方案与教学大纲进行了深入研究和反复研讨，经过两年多的整理、归纳后完成本书的撰写。

快题设计是产品设计和工业设计专业教学的核心专业课程，它不仅是提高设计水平的一种有效的训练方法，同时也已成为工业设计专业选拔人才的考核内容。本课程通过一系列的设计思维与快速表现的训练，可以引导学生在短时间内发现并解决一些具有代表性的设计问题，培养学生综合解决问题的能力，并将解决问题的手段贯穿于设计的始终。本书整合了国内外相关的教学资源与成果，吸取了各高校的教学经验，通过理论分析、实战训练、案例讲解等手段，逐步培养学生具备综合设计能力，并建立一套基本的设计概念和相应的工作方法，为今后的学习和职业设计生涯奠定坚实的基础。

快题设计与表达作为一种设计能力的重要考核手段，近年来常被运用于本科和研究生的入学考试中，甚至在专业求职中也常会遇到。希望本书在为学生及设计者提供可借鉴的学习方法的同时，还能够为工业设计专业教师提供一些教学思路与方法，也希望能为产品设计有关的专业人员提供一些帮助。

本书系统介绍了工业设计专业领域快题设计的程序与方法，以及创意思维能力的表现技法。全书共分5章，其中快题设计概念约占1/5，快题设计方法流程约占3/5，快题设计实践约占1/5。首先，在快题设计概念部分，本书着重介绍了快题设计表现图和产品效果图之间存在的共性和差异性，侧重于让学生掌握快题设计的规律和学习方法。其次，在设计方法流程部分，本书注重逻辑性，通过介绍不同的设计方法，帮助读者打开思路，并通过大量的图片与案例，使内容通俗易懂；再通过多维度设计实践训练，将最新的设计理念融入实践训练中，从而拓展读者的视野。最后，在设计实践部分，本书通过实际的设计案例讲解如何将快题设计的方法运用到实践中，从设计的目的性出发，更注重生产的可实现性。

本书内容翔实、逻辑性强，编写团队均为课程一线教师，是编者教学和设计实践经验及成果的总结与提炼。

在本书编写过程中，非常感谢快题设计课程教学团队、参编一线教师团队成员王莉莉、杨艺、王康、罗丽弦、杜妍洁以及提供设计案例的同学们，同时感谢浪尖设计集团有限公司、东风汽车集团有限公司技术中心等单位专家提供的帮助。

最后，欢迎读者朋友们提出宝贵的意见，我们将继续完善并丰富本书。

编　者
2023 年 3 月

目　录

第 1 章 快题设计概论

教学目的

1. 了解快题设计的概念、教学目的、意义、特点及应用领域。

2. 了解快题设计的表现形式种类,以及它与产品效果图的区别和联系。

教学重点及难点

重点:快题设计表现图和产品效果图之间存在着一定的共性,同时也具有一定的差异性,应重点了解并熟知这些内容。

难点:掌握快题设计的学习规律与方法。

教学方法

知识点讲授并结合案例分析讲解,让学生了解相关的基本概念。

1.1 快题设计的概念、教学目的和意义

1. 快题设计的概念

快题设计是以引导人们创新并为人们提供更好的生活质量为目标,引导学生了解以策略性方法解决问题的过程,并掌握一种科学的设计理念与设计方法,且行之有效地将其成功地设计并展现出来,再应用于产品、服务、系统及体验的设计活动,通过一系列的设计思维与快速思维表现的训练,培养学生综合解决问题的能力。

快题设计不仅是提高设计思维能力的一种有效的训练方法,同时培养学生在有限时间内发现并解决一些具有代表性设计问题的实践能力。快题设计是具有很强针对性的课程,设计问题所涉及的层面会随着设计课题的不同而呈现出各种复杂的因素,需要我们有针对性地去分析。同时,课程使学生了解作为一名工业设计师在设计过程中要解决哪些范畴的问题,包括美学范畴、人机工程学范畴和工艺学范畴等。快题设计所涉及的内容涵盖了设计思维的全过程,包括设计分析、设计概念构思、设计想法的发展和完善、产品结构的分析以及方案的表达等。作为一个完整的设计过程,每一次的快题设计训练都能让学生对自身的设计能力进行一次快速整合,进一步拓展学生的设计思维,培养学生对各项设计技能的综合运用能力,更深层次地挖掘学生的设计创新能力、逻辑性分析和创造性思维的能力。

2. 快题设计的教学目的

快题设计的教学目的是通过一系列的设计思维与快速表现的训练,培养学生综合解决问题的能力,让大家能在较短的时间内发现并解决一些具有代表性的设计问题。在教学过程中,快题设计一般是以系列命题的形式呈现,让学生在对课题背景有一个比较透彻了解的基础上,进行发散性的设计思维训练。在训练过程中,学生需要充分发挥自己所学到的各种设计分析手段和表现技巧,结合创新性的思维方法,进行概念构思,提出解决方案。在对设计命题做出迅速的回应上,其实战性很强,在升学考试和求职中都会用到。因此,无论是对设计方法的掌握,还是对表现技巧的运用,对于设计师来说都是至关重要的。

课程的设计主题有规定命题、选题、自我发现问题3种主要类型。从快题设计功能图(图1-1)中可以看出,通过课程训练,可以培养、磨炼学生的设计分析、思维创意等综合设计表达的能力及创新能力、开发能力、应试能力等,也可以提高学生的设计水平,开阔他们的视野,并为今后的学习及职业设计生涯奠定坚实的基础。

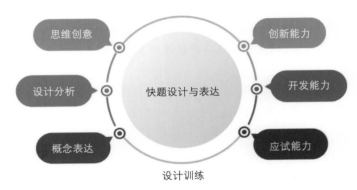

思维创意 创新能力 设计分析 开发能力 快题设计与表达 概念表达 应试能力 设计训练

⊕ 图 1-1 快题设计功能图

3. 快题设计的意义

快题设计课程既重视学生系统设计思维的培养,又重视设计实践能力的培养。通过对消费者的生理、心理、生活习惯等一切关于人的自然属性和社会属性的认知,进行产品的功能、性能、形式、价格、使用环境的设计定位,结合材料、技术、结构、工艺、形态、色彩、表面处理、装饰、成本等设计因素,从社会的、经济的、技术的角度进行创意设计。通过熟练掌握各种产品的表现方式,并熟悉运用多种方法进行产品综合构思,在短时间内完成设计目标。因此,快题设计是短时间、高密度强化的对设计创意表现的训练,有利于设计创意的实施。长期的快题设计训练可以使设计创意与表现更加熟练于心,快速提高设计能力。下面从以下几个方面来认识快题设计的意义。

首先,从工业设计程序方面认识快题设计的意义。快题设计是从文字分析形式转化为可知视觉形象的过程,在这个过程中形成独特的专业语言,因此,快题设计表达是设计师的专业语言交流工具,通过快题设计训练可以使设计师的创意与表现同步,语言流畅,使设计创意信息准确传达。

其次,从教学层面认识快题设计的意义。快题设计课程是高等院校工业设计专业的专业核心课程,起到衔接设计基础课与设计实践课程的作用,在后续的毕业设计等专业课程中都会运用快题设计来展开方案的设计与交流。因此,快题设计对提高整体专业课程的教学质量,以及对于确保整个教学体系的课程能够高效、高质量地开展十分重要。

再次,从社会需求层面认识快题设计的意义。随着社会不断地进步与发展,工业设计不断面临新的课题。为创造更合理的生存方式,全面提升生活质量,设计师需要在一定的限制条件下,寻求新思路、新创意,同时产品的更新换代加速,研发周期越来越短,需要不断推出新品,就要求设计师和在校学习的产品设计专业学生必须掌握快题设计,使创意短时间、有效地表现出来,有利于设计的深入及完善,最终达到缩短研发周期的目的。

下面介绍快题设计的教学发展方向。

"快题设计"课程作为工业设计教学的主要训练科目之一,在国内已经走过了 20 多年的历程。就如"工业设计"这个名称随着 21 世纪信息化时代的来临,其内涵也相应发生变化一样,"快题设计"课程的教学目标和内涵也将随之演变和发展。

(1)综合性。就快题设计教学而言,所谓走向"综合",就是不再把快题设计训练看成是单纯的时间和技巧的训练,而是把"快题设计训练"与观察、分析、思维、想象等认知能力、设计表现能力的训练,与设计兴趣、审美情感的激发,对"生活"的关注和对"人"的关爱等有机地结合起来(图 1-2)。同时,加强教学理念中同各个相关设计学科的横向联系,从一个大的"设计"概念去理解"快题设计"的教学内涵和目的,使学生通过该课程的训练,具有较强的社会适应能力。

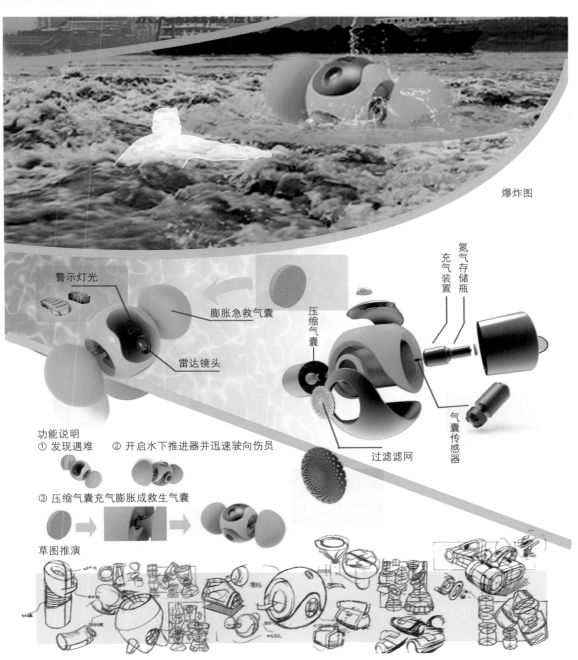

图 1-2　洪灾救援设计(田雨霏)

（2）开放性。"快题设计"教学大纲的教学目的和任务是通过课程的教授与思维方法的训练,使学生能在较短的时间内发现并解决一些较为敏感的问题。对此,我们应该从培养学生的学习态度和思维的能动性、实践能力出发,实行开放性教学理念,从以往老师给出课题的具体要求逐渐演变为学生自己去寻找设计的限定因素,激发学生主动地去观察生活,去发现,去探索,去设想未来,充分鼓励和发挥学生的创新精神和综合实践能力（图 1-3）。

⊕ 图 1-3　口罩环保处理器设计（陈明仪）

（3）情趣化。众多的优秀设计作品不仅很好地解决了实际问题,其造型的形式美还体现出设计师热爱生活、关爱他人的情感。当人们在使用这类用品时,往往会有一种生活的情趣融入其中,这就要求一名合格的设计师不仅要有智商,更要有情商。可以尝试在课堂上采取"情景式"教学,让学生主动去体验一种情趣化的设计感受,并与大家交流自己对于设计认知的情感经历,共同探讨如何将这种经验融入设计作品,使学生在探究、思考、实践的过程中体验设计过程的乐趣（图 1-4）。

综上所述,工业设计中的快题设计教学将是一个当代性、创新性和社会性交融的教学科目。"快题设计"课程绝不是脱离生活实际的纯技术训练,而应是作为一名设计师所应当具备的一种实践能力。所以,快题设计不是一种单纯的设计与表现技巧的训练,而是必须应生活之需,切生活之用,为满足人们生理与心理的需求而设计。同时,快题设计以解决生活中的实际问题为最高目标,在真正意义上实现"人尽其才""物尽其用"的设计教学理念。

⊕ 图 1-4　自行车尾斗设计（张浩轩）

1.2　快题设计表现图与产品效果图的区别

在课程学习中,快题设计的表达方式要比产品效果图更为多样,它们之间有必然的联系与区别。快题设计的表现图和产品效果图之间存在着一定的共性,同时也具有一定的差异性,它们表达的目的都是要将设计的内容通过视觉语言表述出来,都具有快速性、传真性等共同的特点,都有多种表现形式,但快题设计表现图不能完全等同于产品效果图,它们存在以下三个方面的细微差别。

1. 表达的侧重点不同

快题设计表现图注重的是对设计过程的记录与表达；效果图注重的是设计表现的手法和技巧,强调画面的视觉感染力。

产品的雏形是从设计者不断创新的思维过程中逐渐产生的。因此,快题设计需要展现的是一个设计的想法,或者是一个抽象的见解,具有形态与结构的创建过程,是设计师将思维转变为可视化产品的过程。快题设计要表现出设计的原创性、灵感性和预想性,它是一个具有形态与结构的综合表现形式,不仅强调产品外部形态、结构与细节的快速表现,而且还更加注重对构思和创意过程的说明以及整体版面的表现和信息的传达(图1-5)。

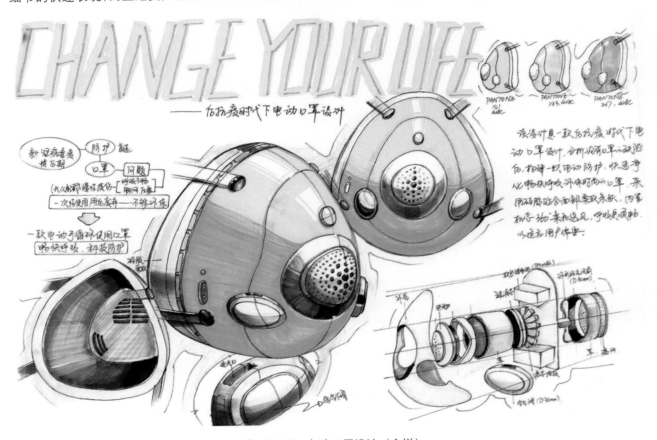

🔁 图1-5 电动口罩设计(佘悦)

而当一个设计构想基本确定之后,就需要用效果图将产品的形态、色彩、材质等外在视觉因素通过多种技法的综合运用表现出来。它要求的效果是准确、真实且富有视觉感染力。

2. 表达的内容不同

快题设计表现的内容涵盖了设计思维的全过程,它包括设计分析、设计概念构思、设计想法的发展和完善、产品结构的分析以及设计方案的表现等(图1-6)。

而效果图则只是针对产品进行富有感染力的表现。也可以说,产品效果图是设计者在进行快题设计过程中使用的必不可少的一种表现手段,效果图注重表现一个已存在的对象,可以称为设计技巧的训练,快题设计表达更注重设计创意,表现内容是通过效果图快速表现的技巧训练来呈现设计创意与思维的最终方案的效果。

在快题设计的训练中,我们需要思考、处理多种影响设计的因素,比如,市场需求、产品概念、人机工程、人机界面、产品结构、产品技术、产品材料工艺、消费心理等。快题设计处于整个产品设计过程中思维最活跃的发想阶段,表现出原创性、灵感性、活跃性和设想性。快题设计要求设计师在众多的限制条件下发挥自身的设计创意、构思与表达能力,并通过强化训练提高创意、构思与表现能力。

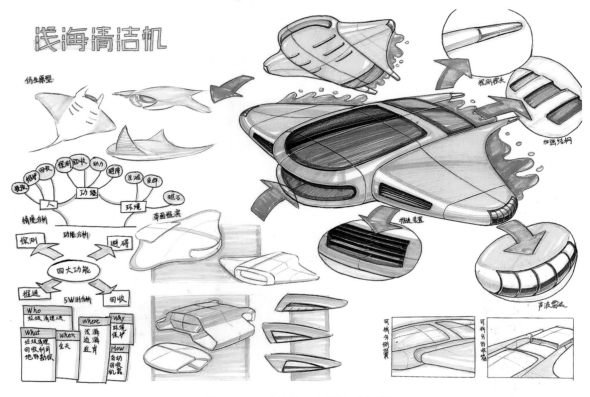

🏵 图 1-6　浅海清洁机设计（俞鹏）

此外,图表、分析图、说明文字、思维发散表现图、设计分析表现图、设计概念表现图等也都属于快题表达的内容。

（1）思维发散表现图如图 1-7 所示。

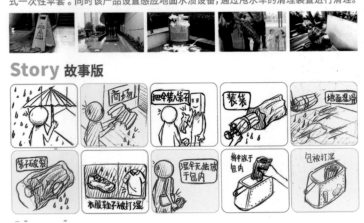

🏵 图 1-7　公共雨伞甩干机设计思维发散图（余汉橙）

Mind map 维导图

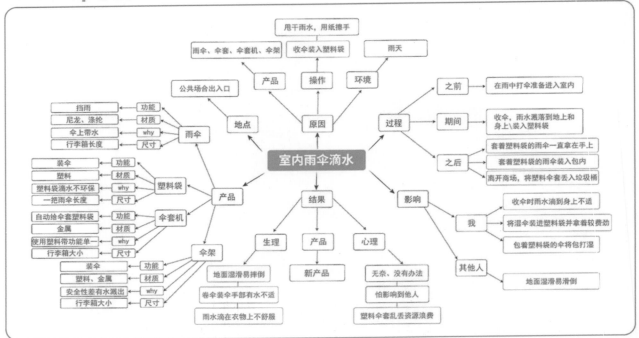

🔴 图 1-7（续）

（2）设计分析表现图如图 1-8 ～ 图 1-11 所示。

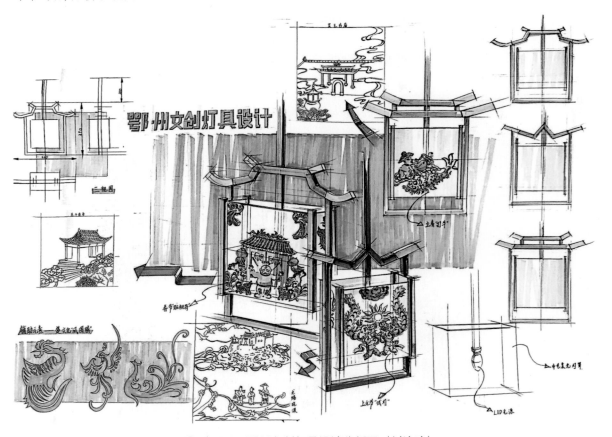

🔴 图 1-8　鄂州文创灯具设计分析图（刘达玲）

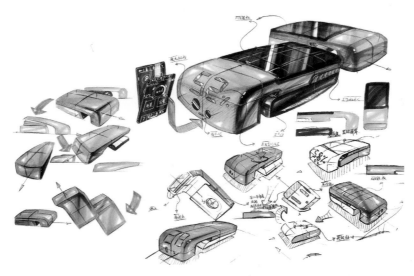

✿ 图 1-9　太阳能板清洁机器人设计分析图（黄治成）

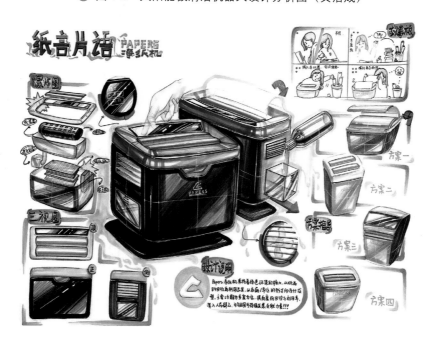

✿ 图 1-10　净纸机设计分析图（魏思琪）

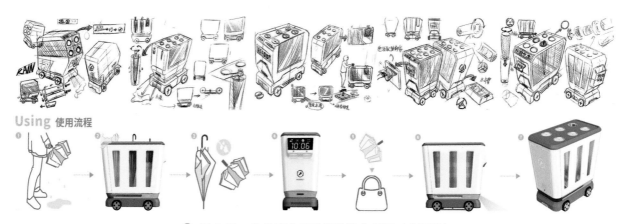

✿ 图 1-11　公共雨伞甩干机设计分析图（余汉橙）

（3）设计概念表现图如图 1-12 和图 1-13 所示。

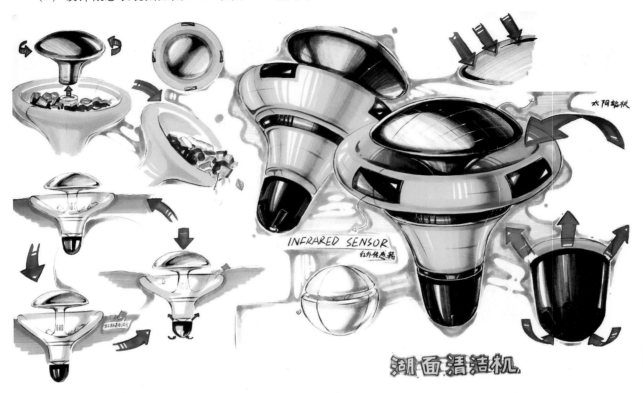

⊕ 图 1-12　湖面清洁机设计概念表现图（陈咨燃）

⊕ 图 1-13　洪灾救援设计概念表现图（田雨霏）

（4）设计效果图如图 1-14 所示。

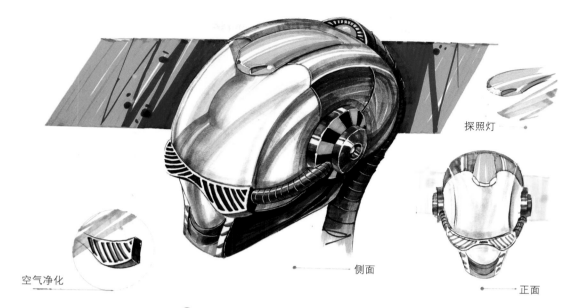

探照灯

侧面

空气净化

正面

⊕ 图 1-14　概念头盔设计效果图（陈征）

3．表达的程度不同

在表现程度上，快题设计中表现图要求的是"讲清楚"，需要将所涉及的设计内容通过各种视觉语言表述清楚，让观者能充分明白该设计的意图，包括设计概念、产品的结构、造型、功能和材质等方面的内容（图 1-15～图 1-17）。

⊕ 图 1-15　儿童陪伴机器人设计（贺晓倩）

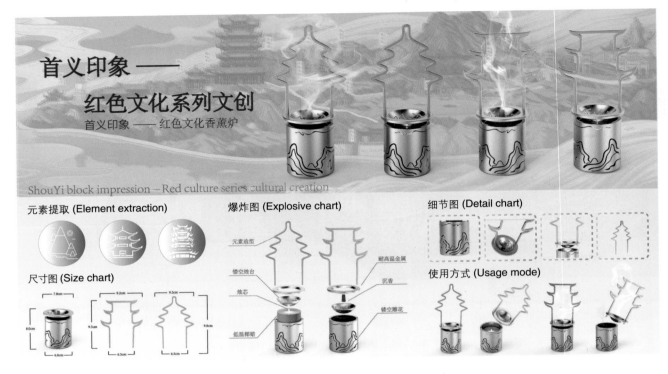

首义印象——

红色文化系列文创

首义印象 —— 红色文化香薰炉

ShouYi block impression — Red culture series cultural creation

元素提取 (Element extraction)　　爆炸图 (Explosive chart)　　细节图 (Detail chart)

尺寸图 (Size chart)

元素造型

镂空摊台

燃芯

低温椰蜡

耐高温金属

沉香

镂空雕花

使用方式 (Usage mode)

7.8cm　9.2cm　9.3cm

8.0cm　9.5cm　9.6cm

6.8cm　6.5cm　6.5cm

图 1-16　红色文创产品设计（汪雅茹）

螺旋桨　　　　　　　　　　飞行控制器

螺旋桨轴　　　　　　　　　螺旋桨座

摄像头

双目视觉
传感器　　　　　　　　　　飞行器

起落架　　　　　　　　　　磁吸装置

照射灯　　　　　　　　　　车身
车轴　　　　　　　　　　　车载摄像头
车轮

450mm

450mm

200mm

150mm

160mm

图 1-17　地震搜救无人机设计（杨金助）

效果图要讲究精彩性。效果图一般都是选取最具表现力的角度和构图形式,对产品进行较为精细的表现。效果图在技法和表现深入程度上要求很高,不但要表现出产品的结构细节,还要表现出产品所选择的材质质感和色彩搭配等方面的细节（图 1-18 ～图 1-20）。

🔆 图 1-18　键盘吸尘器设计效果图（任宗忠）

🔆 图 1-19　桌面收纳文创产品设计效果图（夏洁莹）

🔆 图 1-20　公共雨伞甩干机设计效果图（余汉橙）

传统的工业设计视觉化语言是效果图。由于效果图偏重真实的表现效果，耗时长，表现手法较单一，直接影响设计表现的速度。工业设计行业的发展对设计的视觉化语言有了进一步的要求，要求在快题的创意过程中，短时间内概括出产品的视觉形态特征，因此，快题设计这种设计语言方式成为特有的语言，并被逐步广泛运用。

　　此外，在课程学习中，要注意产品快题设计与产品设计的联系与区别，二者对结果的要求不同，但它们的目标和任务基本一致，都是通过设计的手段来解决问题。由于设计过程不同，对设计结果的要求也不同，产品设计最终要求呈现的是能够生产并能够带来良好市场销量的"真实用品"，而快题设计则更注重得到一个创新的、能够合理解决问题的"概念性方案"。通常，一个完整的产品设计有一个科学合理的设计周期，从最初的立项策划、资料调研、设计概念的产生、对最终产品形态功能的推敲、手绘与计算机图纸的表现，到材料工艺乃至市场因素的考虑，每个环节都需要保证有充分的时间对设计方案进行反复的推敲、修改、完善，以保证方案的质量。而快题设计是相对开放的，缺乏充分的时间和条件去思考与调研，更加注重运用创造性思维和深厚的专业知识来解决命题中的问题，最后所呈现出的结果更多的是一种概念性的设计。准确地说，快题设计是整个产品设计流程中的一个重要的环节（图 1-21 ～图 1-23）。

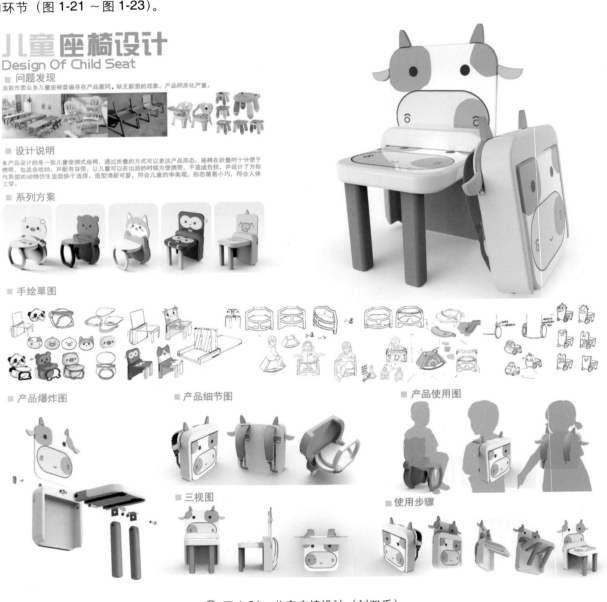

⊕ 图 1-21　儿童座椅设计（刘双千）

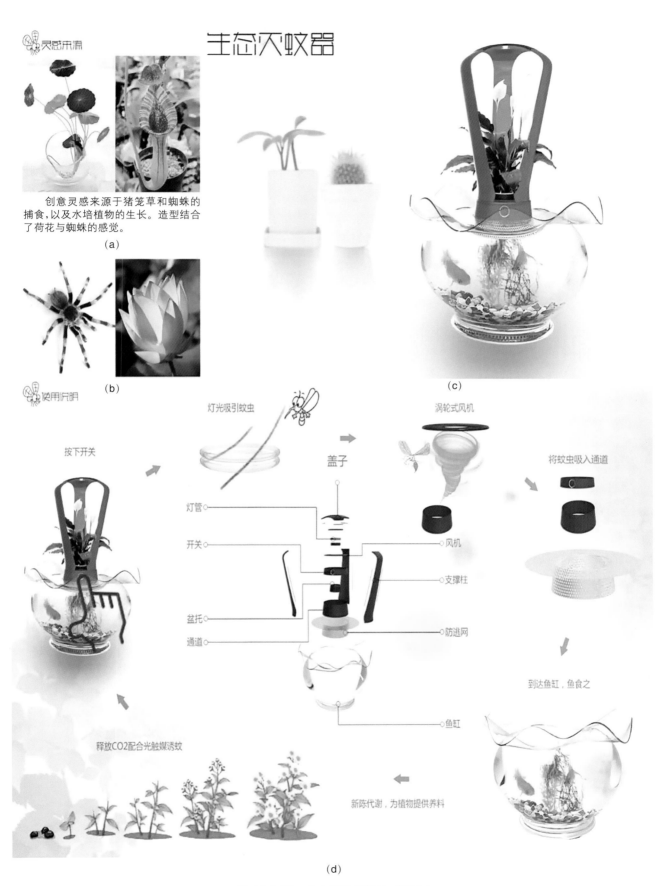

生态灭蚊器

创意灵感来源于猪笼草和蜘蛛的捕食，以及水培植物的生长。造型结合了荷花与蜘蛛的感觉。

(a)

(b)

(c)

灯光吸引蚊虫

涡轮式风机

按下开关

盖子

将蚊虫吸入通道

灯管

开关

风机

支撑柱

盆托

通道

防逃网

到达鱼缸，鱼食之

鱼缸

释放CO2配合光触媒诱蚊

新陈代谢，为植物提供养料

(d)

图 1-22　生态灭蚊器设计（王宁）

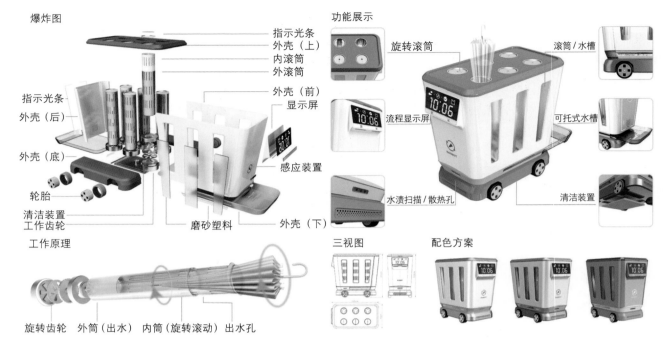

爆炸图

指示光条
外壳（上）
内滚筒
外滚筒

指示光条
外壳（后）

外壳（前）
显示屏

外壳（底）

感应装置

轮胎
清洁装置
工作齿轮

磨砂塑料
外壳（下）

功能展示

旋转滚筒

流程显示屏

水渍扫描 / 散热孔

滚筒 / 水槽

可托式水槽

清洁装置

工作原理

旋转齿轮　外筒（出水）　内筒（旋转滚动）　出水孔

三视图　　　　配色方案

🔼 图 1-23　公共雨伞甩干机设计（余汉橙）

1.3　快题设计与产品设计专业能力的关系

1. 快题设计与产品设计专业能力

　　快题设计是艺术类高等院校工业设计与产品设计专业的实践课程。在快题设计课程之前，同学们已经学习过相关的专业基础课，例如，"机械制图""材料工艺与模型制作""产品设计手绘技法""版式设计""造型设计基础""人机工程学与设计应用"等课程，已经掌握了一定的设计理论、设计流程与方法、专业设计手绘与计算机制图技能、实验动手技能、审美鉴赏与创新能力等基本的知识结构。快题设计后面的课程是集中性设计实践课程毕业设计，通过本课程的训练，将会运用快题设计来开展产品的方案设计与交流，并独立进行产品的设计与研发。快题设计课程起到了衔接专业基础课和后续的毕业设计实践课程的作用，对提高整体设计课程的教学质量，确保整个教学体系的课程能够高质量及高效地完成教学任务具有十分重要的作用（图 1-24）。

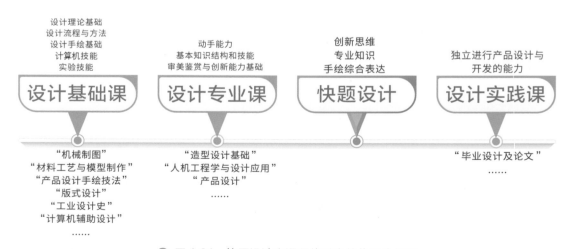

设计理论基础
设计流程与方法
设计手绘基础
计算机技能
实验技能

动手能力
基本知识结构和技能
审美鉴赏与创新能力基础

创新思维
专业知识
手绘综合表达

独立进行产品设计与
开发的能力

设计基础课　　**设计专业课**　　**快题设计**　　**设计实践课**

"机械制图"
"材料工艺与模型制作"
"产品设计手绘技法"
"版式设计"
"工业设计史"
"计算机辅助设计"
……

"造型设计基础"
"人机工程学与设计应用"
"产品设计"
……

"毕业设计及论文"
……

🔼 图 1-24　快题设计在课程体系中的作用分析图

在整个工业设计教学体系中,快题设计是其中一个重要的教学环节。作为一个完整的设计过程,每一次的快题设计训练都能让学生对自身的设计能力进行一次快速整合。快题设计不仅可以快速拓展学生的设计思维,培养学生对于各项设计技能的综合运用能力,还能深层次地挖掘学生的设计创新潜能。

通过快题设计课程的训练,能够直观地了解设计者的专业综合素养与修养。从快题设计与专业能力的关系图（图1-25）中可以看出,通过快题设计课程的训练,可以培养学生以下四个方面的专业能力。

⊕ 图 1-25 快题设计与专业能力的关系图

（1）创新思维的能力：包括敏锐发现问题的能力,逻辑分析问题的能力,创新性解决问题的能力,以及设计方案快速构思的能力等。

（2）专业知识的掌握与运用能力：包括人机工程学、材料与工艺、设计心理学、形态语义学等。

（3）快速手绘表达能力：包括版面布局、形态造型、细节刻画、画面控制和说明性图案绘制等能力。

（4）综合素养能力：包括设计者的审美美学素养以及设计经验的积累和文化底蕴。

2．快题设计的应用领域

目前,快题设计是工业设计专业、产品设计专业的学生或者设计师,在研究生入学考试、应聘岗位及日常学习、工作交流三个主要应用领域中必须掌握的一种基本技能。

（1）在研究生入学考试方面。快题设计是目前艺术类高等院校工业设计专业研究生入学初试、复试的必考科目,考核学生的专业素质和水平,是确定考生能否获得深造资格的一种快速有效的考核手段。

在研究生入学考试中,侧重于考查学生的设计创意能力,对设计表达能力也有更高层次的要求。研究生入学考试和求职中的考核目标,是考察应试者对各种设计理念与设计方法掌握的熟练程度,以及运用这些设计方法综合解决问题的能力,从而达到全面了解考生基本专业素养的目的。通过对设计理论、设计创新程度、造型与结构的处理方式、材料的选用以及设计表达方式等方面的测试,综合考查应试者的文化素养、形态塑造、人机协调因素、功能组织以及空间组合关系等相关技术性问题的综合能力。

（2）在毕业生、设计师应聘设计公司、企业岗位等方面。设计专业的毕业生或者设计师在就业应聘期间,公司企业等用人单位也常设置一些相关的快题设计题目,作为入职招聘的必要考核条件,以此考察应聘者的设计基本功和设计创新能力。

（3）在学习和工作中的交流方面。快题设计的特点是将设计思路用手绘的方式进行快速的表达,在学生与教师、设计师与客户的前期方案探讨和交流过程中,具有快速、清晰、直观表达的优势,能使交流的双方快速理解对方的设计想法,达到高效沟通与交流的目的。

3．学好产品快题设计的方法

快题设计的要求是在短时间内完成设计创意,强调创新性、实用性等,对设计的基本功要求很高,需要我们日常多储备相关的专业知识,并提高手绘表达能力。

大家在平时要加强学习和训练,不断提高自己的专业素养。例如,在生活中养成多观察、多思考、多练习的习惯;训练自己发现问题、解决问题的思维习惯;随时用设计师的思维寻找解决问题的办法;积累生活经验与生活常识,随时记录问题。同时需要进行大量的手绘练习,包括透视原理、用笔方法、上色方法、构图方法等基本的内容。

作为一名设计师,在日常生活中还要多用专业的知识评价产品,练出专业的审美眼光。一件优秀的作品,除了对产品的整体表现力做出评价外,还要对包括产品的形态特征、细节处理、结构连接方式、材质的应用、尺寸大小、人机工程学等做出综合的专业分析与评价,这样才能从优秀的作品中学习到相关的设计经验并消化积累,从而不断进步,提高自己的审美素养。

快题设计要求在短时间内表现出设计方案的透视、比例、结构的准确性,把握好产品的形态语义,最终把无形的创意转化为可知的视觉形象,通过熟练掌握视觉化的设计语言,使设计思维准确、快速地再现。快题设计与表达综合了社会发展与学科发展的趋势,是设计师的设计思维快速呈现的语言,是一种必须掌握的专业技能。通过对本课程的学习,力求使大家的设计创意构思与设计表现达到同步,做到设计语言为设计构思无障碍服务。

思考与练习

1. 快题设计的表现方式有哪几种?
2. 快题设计表现图与产品效果图的联系与区别有哪些?

第2章
快题设计的程序与表现方法

教学目的

1. 了解快题设计的程序。

2. 了解每个设计步骤都需要用什么样的方法进行设计的陈述与表达。

教学重点及难点

重点：快题设计的考试时间分配，具体设计流程。

难点：快题设计目标策略分析，具体表现方法。

教学方法

设计的目的就是要创新。本章在讲述设计过程的同时，通过介绍不同的设计表现方法，帮助读者打开设计思路，并通过大量的图片与案例，使教学内容更加通俗易懂、深入浅出。

2.1　设计流程分析与时间管理

2.1.1　设计流程分析

在快题设计中，合理地安排好时间是做好设计的前提条件。一般来说，在教学中，前期的设计分析会占到 1/3 左右的时间，设计方案的研讨会用掉 1/3 的时间，方案的深入会用掉剩下的 1/3 的时间。其原则是既要留有充分的时间进行设计分析，也要保证有充足的时间进行设计和表现。

对此，我们将完整的设计流程列出，可供快题设计过程参考使用（图 2-1）。

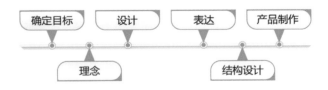

⚓ 图 2-1　设计流程图

（1）确定目标。包括目标市场和传播目标的确定。需要经过目标定位、表现手法、设计理念、产品品牌、行业调查等一系列研究过程。

（2）理念。良好的理念是设计中的精华，它可以体现一个企业的文化、产品的内涵等，是赋予产品气质和风格的过程。

（3）设计。设计师要通过对产品的分析，对整个布局、框架有整体的把握，在产品内容、主体形态等方面进行有机的结合，使产品设计能够调动人们的情感，给人带来感动、快乐、联想等不同的体验。

（4）表达。通过各种表现手法将产品信息传递出去。

（5）结构设计。完成产品内部的结构设计。

（6）产品制作。制作或生产出符合目标的作品，能被大众理解并使用。

在明确了整个设计的流程之后，我们需要针对快题设计囊括的范围进行精准定位。只有明确了快题设计的整个流程，并区分出重点和非重点后，我们才会对快题设计所花费的时间有更精准的把握。

一般来说，工业设计的快题设计是由思维导图、用户画像、故事版、产品草图、主效果图、细节图、设计说明等部分组成（图2-2），并使用不同的设计工具辅助完成完整的设计流程，得出设计方案。

🔄 图2-2　快题设计内容

在明确步骤并做好内容划分后，就能对快题设计的流程有一个较为清晰的认知。需要注意的是：这些板块的内容与大小并不是完全固定的，而是根据实际需求与分析来划分与使用。快题设计的重点在于将所设计的东西表达清楚，而表现的形式则是多种多样的。

2.1.2　设计时间管理

所谓时间管理，是指用最短的时间或在预定的时间内把事情做好。时间管理所探索的是如何减少时间浪费，以便有效地完成既定目标。时间是指从过去、现在到将来连续发生的各种各样的事件过程所形成的轨迹，它具有供给毫无弹性、无法蓄积、无法取代、无法失而复得四大特性。有效的时间管理具有非常重要的意义。

美国管理学者彼得·德鲁克认为，有效的时间管理包括三个方面：一是记录自己的时间，以认清时间耗费在什么地方；二是管理自己的时间，设法减少非生产性工作的时间；三是集中自己的时间，由零星到集中，成为连续性的时间段。有效的时间管理就是要把所有可利用的时间尽可能地投放到最需要的地方，其关键在于制订合理的时间计划和设置事情的先后顺序。我们需要区分重点和非重点部分，因此我们应该对手绘的时间进行有效的规划。

由于设计任务与需求不同，大部分情况下，快题设计的时间通常是限定的。快题设计主要分为两种需求：研究生入学考试需求与工作绘图需求。研究生入学考试时间基本上为3小时或者6小时，工作绘图时的快题设计则没有十分严格的时间限制。

下面分别针对不同背景下的设计任务，根据设计的程序草拟了几个时间安排（图2-3～图2-5）以供大家参考。

总计32学时	2学时	4学时	8学时	4学时	12学时	2学时
目标导入	■					
调研分析		■				
设计概念			■			
结构分析				■		
方案深化					■	
展示说明						■

⬆ 图2-3　以32学时为例安排的时间表

总计6小时	0.5小时	1小时	0.5小时	1小时	2小时	1小时
命题分析	■					
草图构思		■				
结构分析			■			
方案设计				■		
方案深化					■	
展示排版						■

⬆ 图2-4　以研究生入学考试的6小时为例安排的时间表

总计3小时	20分钟	30分钟	10分钟	40分钟	1小时	20分钟
命题分析	■					
草图构思		■				
结构分析			■			
方案设计				■		
方案深化					■	
展示排版						■

⬆ 图2-5　以本科生入学考试和研究生复试的3小时为例安排的时间表

快题设计与表达

我们还可以进行一些小型的测试，以此来调整自己的手绘时间安排，达到更理想的效果。

简单测试：先按正常速度画一张完整的快题，记录一下每个阶段所花费的时间，包括读题构思、铅笔稿、上线、马克笔上色、绘分析图等。绘制完毕，再反思自己在哪个阶段较为犹豫不决，导致浪费了很多绘制快题的时间。

在进行此测试时，可寻求其他人帮助，记录自己所耗费的时间，并将其填入表中（图2-6），然后进行时间的优化和调整。

阶段	所 用 时 长	目 标 时 长
读题构思		
铅笔稿		
上线		
马克笔上色		
绘分析图		
其他表现		

图2-6　手绘时间自测表格

此外，还可以参考各院校的历年考题及时间的要求与限制，来对自己的时间进行优化。此处列举了部分院校工业设计系快题设计的考试题目与时间（图2-7和图2-8），供读者参考与使用。

大学	考 试 题 目	考试规定时长/小时
同济大学	为冬奥会设计一款运动鞋，需要有文化内涵。	3
北京理工大学	使用4开纸张，选择3个调味盒，给出三种设计。	3
清华大学	有一个圆柱体，高是底面直径的两倍。现在切割圆柱，分成两个实体，要求圆柱体的体积没有任何缺失，而且两个实体拼起来还是原来的圆柱体，两个实体都要设计出下面三种感觉状态：①富有韵律感；②复杂的空间；③高速的运动感。每种状态画出两种方案，共计6种，每种都需要详细说明其材质和理念。	3

图2-7　2017年部分大学研究生入学考试初试题目

工业设计的核心是策略性解决问题的过程。在进行快题设计的时候，需要明确目标，根据题目要求解决问题，并且将解决问题的整个思维过程表现在试卷上。解决问题的一般逻辑是：发现问题，分析问题，解决问题。我们所进行的快题设计也是把这样一个过程表达清楚。在一定手绘能力的基础上，逻辑通顺地表达出思考过程，辅以表现手法，基本上就可以较为清晰地表达自己的设计与理念。

大学	考 试 题 目	考试规定时长／小时
湖南大学	给出某航空公司飞机三视图和相关VI元素,要求对此飞机进行彩绘设计。	3
清华大学	（1）分别画出你最喜欢的一个家具、家电、建筑,并简要说明理由。 （2）用硬的线材和软的面材连接组合成3种形式,以单元组合的形式并附有一定功能,要求材质表达清晰。	3
江南大学	以时光为主题,从体验的角度设计一款位于街心公园的随时间变化而改变的休息设施。	3

✿ 图 2-8　2018 年部分大学研究生入学考试初试题目

2.2　明确问题并确定目标

2.2.1　问题调研的特点及方法

调研是调查研究的简称,指通过各种调查方式,系统、客观地收集信息并进行研究及分析,对各产业未来的发展趋势予以预测,为设计或发展方向的决策做准备。

调研可以帮助企业及设计师了解各行业当前最新发展动向,把握市场机会,做出正确的设计并明确企业发展方向。调研的目的是获得系统客观的信息研究数据,为设计及决策做准备。

1．调研的基本特点

（1）客观性：在调查时,调查者应该按照事物的本来面目了解事实本身,必须无条件地尊重事实,如实记录、收集、分析和运用材料。

（2）实证性：调查研究的结论及与此相联系的所有观点,都必须为真实、可信的资料所充分支持。

（3）系统性：调查任何产业中的客观现象,都要从系统整体性出发。调查研究不是就事论事,而是把事物放在一个系统内,从整体上进行分析。

（4）多向性：调查者在调查中应该多角度、多侧面地获得有关材料,即进行全面调查,注意横向与纵向、宏观与微观、多因素与个别因素的结合,使调查既全面又有代表性。

（5）灵活性：应根据调查对象的特点灵活对待,随时调整,以保证取得可信的调查材料。

调研的基本特点如图 2-9 所示。

2．调研的方法

（1）问卷：根据调查对象的不同设计相应的问卷。

（2）走访：深入社会,与群众交流,获得相关信息。

（3）咨询：主要是向相关专家咨询。

（4）座谈：召集各方面代表,请大家畅所欲言。

（5）体验：可以去相关部门调研,或者体验真实产品并做好记录。

调查研究的结论及与此相联系的所有观点，都必须为真实、可信的资料所充分支持

在调查时，调查者应该按照事物的本来面目了解事实本身，必须无条件地尊重事实，如实记录、收集、分析和运用材料

调查任何产业中的客观现象，都要从系统整体性出发。调查研究不是就事论事，而是把事物放在一个系统内，从整体来分析

根据调查对象的特点，灵活对待，随时调整，以保证获得可信的调查材料

调查者在调查中，应该多角度、多侧面去获得有关的材料，即进行全面调查。注意横向与纵向、宏观与微观、多因素与个别因素的结合，使调查既全面又有代表性

🔷 图 2-9　调研的基本特点

　　一个完整的产品设计调研报告内容包括调研目的、调研对象、调研时间、调研方式、问卷调查、现有市场分析、现有产品分析、使用方式及特点分析、未来发展趋势分析、调研结论等。调研结论为之后的设计转化做了翔实和精准的铺垫。调研得越充分、越完善，之后的设计定位也会越准确。

　　调研的方法如图 2-10 所示。

深入社会，与群众交流获得相关信息

根据调查对象的不同，设计相应的问卷

主要是向相关专家咨询

可以去相关部门调研，或者体验真实产品并做好记录

召集各方面代表，请大家畅所欲言

🔷 图 2-10　调研的方法

2.2.2　围绕设计主题展开设计分析

设计具有针对性特点,设计问题所涉及的层面也会随着设计课题的不同而呈现出各种复杂的因素,通常很难仅靠直觉来处理,需要我们有针对性地去分析。通常快题设计都有命题,包括直接的命题方式和抽象的命题方式两种。其中直接的命题方式就是直接告诉设计者要设计的对象,比如设计一款电风扇或是设计一款电吹风机等。这种命题方式直截了当,比较容易往下展开设计。而抽象式命题则往往只给出一句话或者一个词,让学生根据命题进行联想,如设计命题为"吃、喝",这样的命题外延比较广泛,学生就需要根据命题先进行分析,明确设计的核心问题以后,再确定目标并展开联想,然后进行设计构思。

不论是哪种命题方式,一般来说,在接到课题任务后,我们都要抓住一些重要的内容,通过对设计要求的认真解读及仔细分析,将自己的思想充分融入设计中,并积极展开联想,为后续设计做准备。

在分析问题的过程中,需要注意以下几点。

（1）明确设计的对象:不同的产品,设计的侧重点会有所不同,在设计过程中采取的手段也会有所不同。因此,明确设计任务是所有后续步骤的必要前提。

（2）对现有产品进行分析:在这个阶段必须知道现有的产品状况、技术可能性等信息。这是设计入题的最佳手段。设计者可以在了解产品发展的过程中,抓住现有产品的优缺点,根据产品的发展趋势,找出问题的关键点,从而确定新的设计理念。

（3）对使用者的行为、习惯进行分析:通过对使用者行为和习惯的分析,初步体验使用者在使用产品时的心理和生理状态,从而寻找突破口,挖掘设计创意。

（4）对产品使用环境进行分析:通过产品使用人群或使用环境的分析,抓住不同使用人群的社会、文化或使用场合的特点,提出有针对性的设计理念。

> 📑⭐ 设计案例:"快乐体验"工作坊

下面以德国哈勒艺术设计学院迪特·霍夫曼教授在湖北美术学院工业设计学院举办的"快乐体验"工作坊为例,讲述如何围绕设计主题展开设计分析。

首先,围绕着主题,大家分别从衣、食、住、行等方面,对德国人以及中国人的个人经历、爱好、日常生活方式、审美标准以及交友、出行等话题展开广泛讨论,并从中归纳总结出关于德国人以及中国人的印象分析。通过这个分析,大家对未来产品的使用人群及其生活背景就有了一个较为全面的了解。

其次,大家针对什么样的情况下你会感到快乐的问题,分别画出了自己心中的快乐场景（图2-11）,并就此展开讨论。

通过讨论,大家发现了很多有趣的事情,中国人同德国人在文化方面存在着很多差异。例如,对于吃来说,最明显的不同在于:中国人喜欢一群人围坐在一张大桌前吃饭,桌上会摆满丰盛的菜肴,每一样你都可以吃,每个盘子里面夹一点,到最后你不知道你究竟吃了多少,也许大大超过了正常饭量,但是你会觉得很开心;德国人则是一个人一份餐点,就一个盘子摆在面前,只能吃这一个盘子里面的东西,可以明显看到自己到底吃了多少。

由此得到一个结论:在中国,一大桌丰盛的美味,经常吃到很饱才会停下来（吃饱了人会感到疲倦）;而德国人认为吃得适量对健康好,德国有句俗语:晚上吃得太多会做噩梦。从讨论中,我们归纳总结出了几个能够产生"快乐"情感的方向,比如吃什么会令人满意,对于美好情景的想象等,再进行更深入的分析及设计。

⬆ 图 2-11 "快乐"印象速写图

2.2.3　设计分析的表达

　　随着分析的逐步深入,用户的需求以及一些同设计目标相关的信息,将会透过各种分析图表的比对,越来越清晰地展现在设计者面前。在逐步缩小包围圈的过程中,我们将找出问题的关键所在并锁定它,这就是通常所说的"设计定位"。

1．什么是设计定位

　　设计定位是指在设计前期资讯的搜寻、整理、分析的基础上,确定产品的使用功能、材料、工艺、结构、尺度和造型,以形成设计目标或设计方向。

2．设计定位的内容

　　设计定位在于明确主次关系,确立设计主题与重点。设计定位就是由此而产生的与设计构思紧密联系的一种方法,它强调设计的针对性、目的性、功利性,为设计的构思与表现确立中心内容与方向。

经过组合的设计定位,一定要把握好相互间的有机联系和协调,其中仍然需要有相应的表现重点,避免互相冲突。不管采用什么样的设计定位,关键在于确立表现的重点。没有重点等于没有内容,重点过多等于没有重点,二者都失去了设计定位的意义。

3．设计定位的过程

在开发产品概念的过程中,我们需要先定义问题再进行研究,明确设计产品的目标,寻找产品定位。设计定位是设计目标的审视与分解。在动手设计和勾画草图之前,首先在头脑中弄清楚设计定位中的相关元素,把产品开发的目标进行细化分解,可以列出一个基本提纲和框图,从产品构成元素细化分解中获得需要在本次开发设计中重点解决的问题。

如图 2-12 所示为张林(德国)提供的文化背景分析图。

↑ 图 2-12　文化背景分析图

在实际的设计工作中,设计定位也在不断变化,这种变化是设计进程中创意深化的结果。设计过程是一个思维跳跃和流动的动态过程,由概念到具体,由具体到模糊(在新的基点上产生新的想法),是一个反复螺旋上升的过程。

在此阶段,我们需要收集大量的资料,进行归纳整理,根据需要制作成各种分析图表并进行比对、分析。例如,我们可以针对消费群体的生活环境来收集资料,绘成一个生活氛围的构思图,直观地了解消费需求;可以对现有品牌进行分析,找出该类产品的未来发展趋势;通过对产品使用环境及方式的分析,了解产品的使用过程……

这些图表都可以帮助我们全面了解设计目标,从中发现问题的实质,即搞清楚什么是我们真正需要解决的问题。

　　分析表达的方式大多是根据分析的内容来确定的,可以是图片、表格、漫画或是坐标轴等(图 2-13 和图 2-14),目的就是要直观、简练、概括地说明问题。

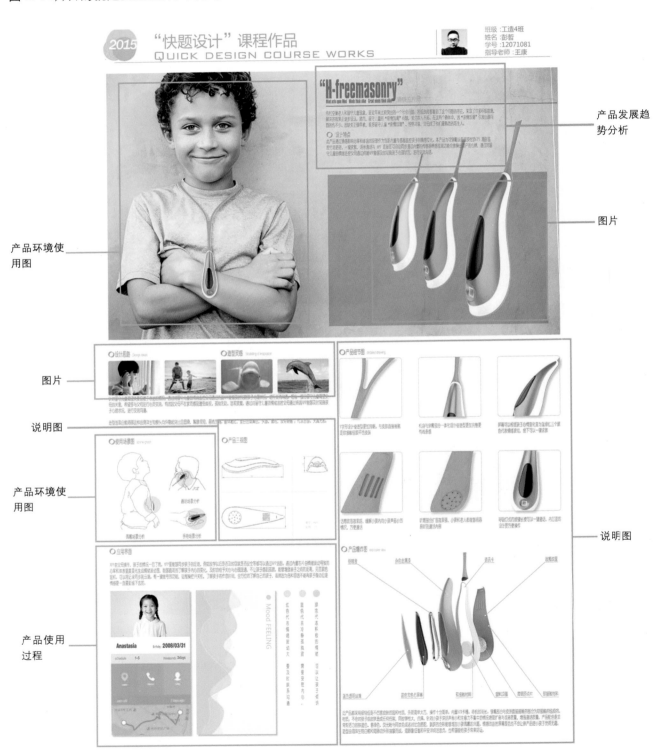

🕀 图 2-13　快题设计课程作业——留守儿童情绪监控器(彭哲)

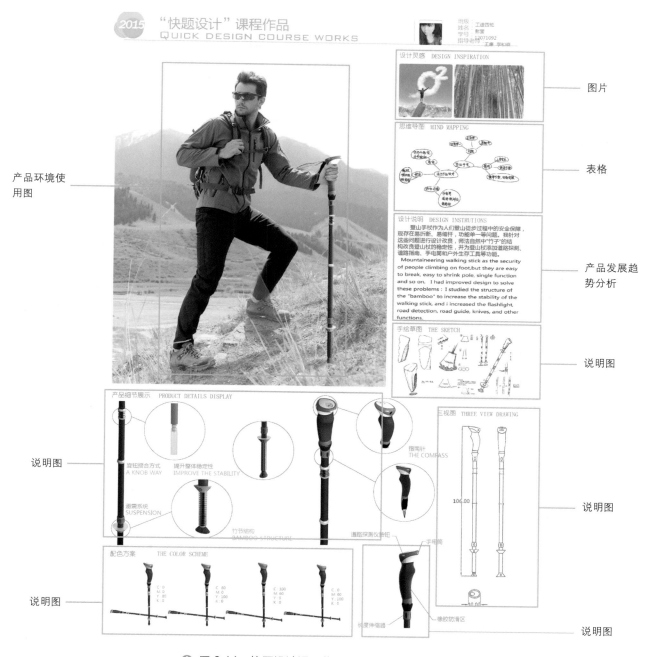

図 2-14　快题设计课程作业——登山手杖（彭莹）

2.3　设计目标策略分析

2.3.1　概念设计

1. 什么是概念设计

与艺术创作不同，设计是一项具有明确针对性的思维活动。当通过讨论与分析，找到真正要解决的核心问题之后，就需要针对问题，有的放矢地提出解决方案，即所谓的"概念设计"。

这是一个提出设计构想,并将之逐步视觉化的过程,也是一个将设计者提出的主题性概念与产品的形态、功能、结构等相关因素进行初步整合的过程(图 2-15～图 2-17)。

图 2-15 机器人(陈默康桥)

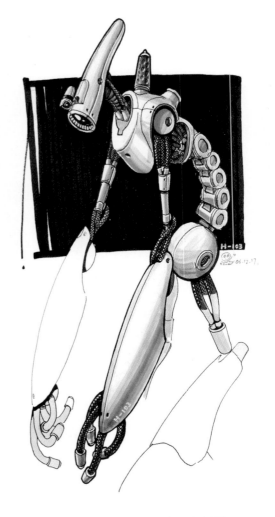

图 2-16 机器人(陈默康桥)

2. 概念设计创新方法

在进行概念设计时,运用创新方法是必要手段,我们常常运用头脑风暴法、希望点列举法、缺点列举法、类比法、仿生法和发散思维法等方法进行思维发散(图 2-18)。在造型创新方面,常用的几种造型创新的方法有形状联想法、逻辑联想法和丢弃淘汰法。

概念设计不仅是引导异想天开的思维方式,更重要的是要使产品设计具有社会性、预测性和创新性,所以建构概念设计方式应从设计创意的思维训练、理性分析、设计表达等方面入手。概念构思的萌芽通常从抽象思维开始,先系统地进行思维梳理,了解产品的基本要求,再根据前期的分析结果进行具体的设计构思。根据社会发展趋势,紧扣时代主题,寻找设计创新点;或者从生活中发现需求,寻找最简单的方式解决问题。

通过概念设计我们可以看到一个设计理念是如何逐渐演化和成长的。概念设计是完整而全面的设计过程,它通过设计概念将设计者繁复的感性和瞬间思维上升到统一的理性思维,从而完成整个设计。

◈ 颗颗明珠浮碧水
PEARL AFTER PEARL FLOATING IN CLEAR WATER

● 设计说明：
鄂州珠珠光泽晶莹，珠圆玉润。作品中以K金为支撑组带着养育珍珠的清水，组带间镶嵌着珍珠和绿水晶。借此作品弘扬鄂州珍珠之美。

● 灵感来源：
鄂州淡水珍珠具有鲜明特点，在当地引人注目，古中南外贸质量，出口量第一。

● 产品草绘：

● 产品细节：

● 佩戴方式：

◈ 只手揽云端
REACH THE CLOUDS WITH ONE HAND

◈ 独步云归
GO BACK ALONE

● 设计说明：
作品中以白银制成的彩云纹带盘绕着宝塔，塔上镶嵌着蓝紫珐琅、碧玺和耳环下方垂着流苏。手环或戒指均用云纹绕宝石的形式设计。

● 灵感来源：
鄂州元明塔有"江南第一塔"的美誉，飘渺神秘，选择它作为灵感来源。

● 设计说明：
作品中将神兽白虎的形象抽象化，周边云纹盘绕，以白银为底材，云纹用电镀染色或蓝色，再施以点银蓝色釉制，展现出白虎山高大巍峨之美。

● 灵感来源：
鄂州白虎山庙距城区不远或显存，风景优美，令人心旷神怡，并将它作为灵感来源。

● 产品草绘：

● 产品细节：

● 产品细节：

图 2-17　鄂州好礼（赵甜诗雪）

2.3.2 草图构思与表达方法

设计草图是设计师将自己对设计目标的理解和构想逐渐明晰化的一个十分重要的创造过程，它实现了抽象思考到图解思考的过渡，也是设计师展开创意性设计的一个重要阶段。

在设计草图的画面上往往会出现文字和尺寸的标识、颜色的推敲、结构的展示等。它是设计师在设计过程中进行设计创意的分析和推敲过程的一种记录。优秀的设计师往往都具有很强的图面表达能力和图解思考能力。构思会稍纵即逝，所以必须有十分快速和准确的速写能力。从草图功能上看，设计者主要要掌握记录性草图和思考性草图。

⊕ 图 2-18　概念设计创新方法

1. 记录性草图

此类草图描绘的大多是一些设计的构想和概念，是对设计师概念最初形成的思考过程的一种记录，因此，其表现不需要有固定的模式，具有随意性的特点（图 2-19～图 2-22）。

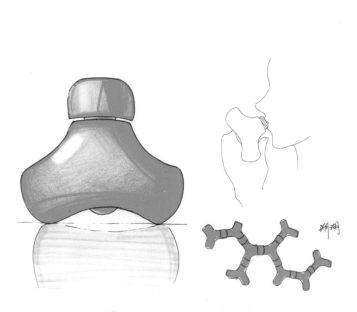

⊕ 图 2-19　呼吸器（冉苒）

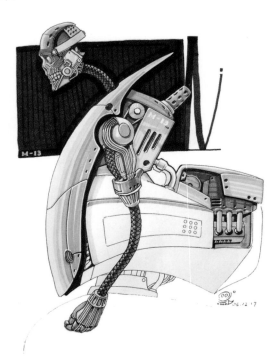

⊕ 图 2-20　机器人（陈默康桥）

2. 思考性草图

运用草图绘制对形态、功能、结构三者之间的关系进行推敲，并将思考的过程记录下来，对方案的可行性进行初步的分析和判断，以便对设计师的构思进行再推敲和再构思。这类草图更加偏重思考过程，一个形态的过渡和一个细小的结构往往都要经过一系列的构思和推敲，而这种推敲靠抽象的思维往往是不够的，要通过一系列的画面来辅助思考（图 2-23 和图 2-24）。

🕀 图 2-21　摩托车草图（孟野）

🕀 图 2-22　喷雾笔设计（何思倩）

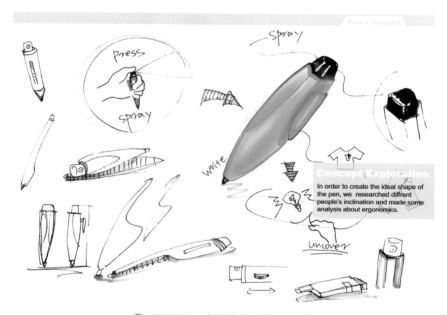

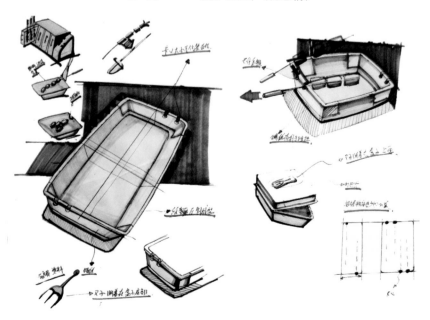

🕀 图 2-23　烧烤方便盒的设计草图

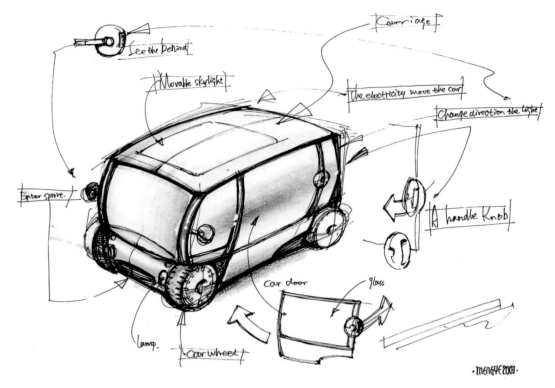

⬆ 图 2-24 汽车的设计草图（孟野）

　　如同其他的语言形式一样，设计草图不仅是设计者对设计思维过程的一种记录，同时也是设计者同他人进行交流的一种有效的语言形式。下面将几种常用的表现方法简要地介绍一下。

　　（1）远距离设计——表现整体。从远距离的角度检视轮廓、姿态及被强调的部分等，不需要太在意细节，只要完整地将要表达的概念表达出来就可以了（图 2-25 和图 2-26）。

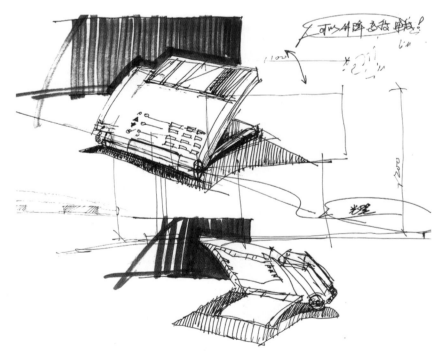

⬆ 图 2-25　电话设计（李梁军）

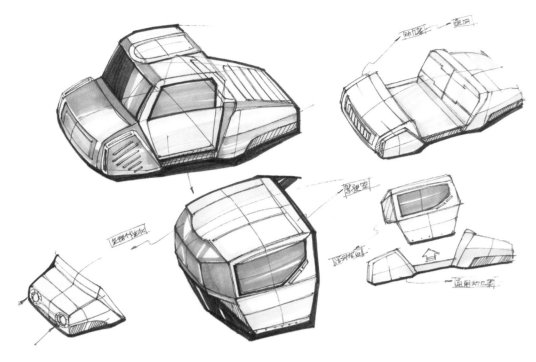

图 2-26 汽车设计（曾海波）

（2）中距离设计——表现立体与面的构成。中距离设计讲究的是检视立体的成分与面的构造，决定物体的特征线及图样，它需要表现出产品的质感与动感。透视画法的草图是最适合达成这个目标的。可以适度地使用夸张的手法来表明设计意图。形体可以用明暗度表达，可以不上色彩（图 2-27 和图 2-28）。

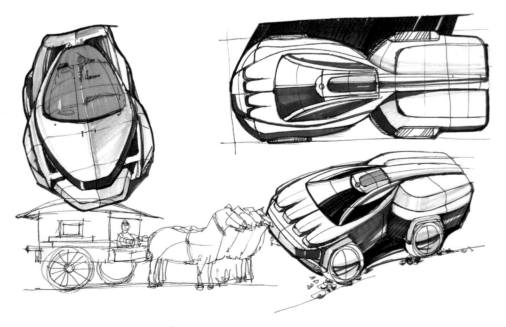

图 2-27 汽车设计（曾海波）

（3）近距离设计——表现出物体的本质。这个距离就是展示距离或使用距离，这时物体的角度变化非常大。表面的精致线条、配色都能被感觉，质感也很强烈，细部的处理容易被感受到。在这个距离，设计者要使精心设计的物件展现出魅力而产生最佳的整体效果（图 2-29～图 2-32）。

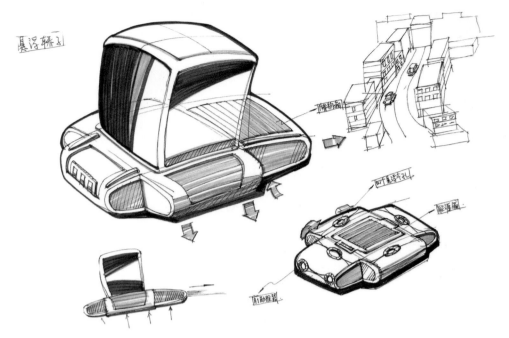

图 2-28　汽车设计（曾海波）

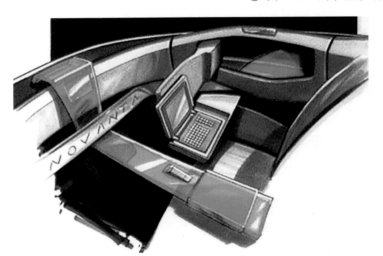

图 2-29　汽车内饰

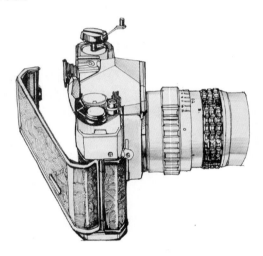

图 2-30　数码相机（孟野）

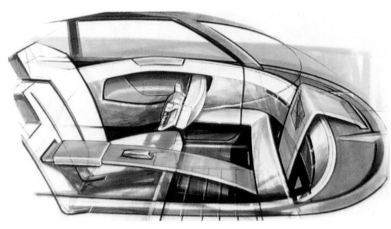

图 2-31　汽车内饰

图 2-32　吸尘器

　　总之,构思阶段是一个灵感闪光点捕捉的阶段。由于此阶段只需用简洁的线条或熟悉的表达方式捕捉灵机一动的念头,因此不必过分强求画面的整洁或者美观,只要将脑海中一闪而过的灵感记录下来就可以了。这些图将在接下来的思维和设计过程中起到很大的作用。

2.3.3　结构设计与表达

1．产品的结构设计

　　功能的满足始终都是同结构紧密相连的,因此,在明确了设计方向,并根据设计主题提出设计概念之后,就必须根据设计要求从人机工程以及结构等技术的角度对方案进行筛选与推敲。结构分析图就是在这个阶段经常使用的表现方法。如同表现人的骨骼、肌肉和表皮之间的关系一样,产品的外部造型都是与产品内部的结构相对应的。例如,在做汽车造型设计的时候,必须要先明确汽车的车身布置,车身的底盘结构对于车身设计来说是至关重要的。虽然现在很少提“功能决定形式”或“形式追随功能”的说法,但如何处理好形式、功能、结构三者之间的关系,则是这个阶段需要处理好的关键问题。无论是先从功能入手进行设计,还是先从形态入手进行设计,设计方案的可行性最终都需要通过对结构合理性的分析来确定,以达到两者的自然合一（图 2-33）。

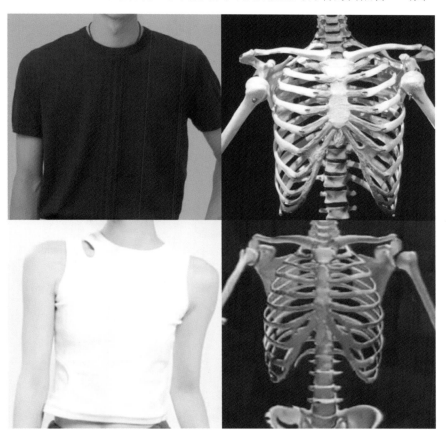

⊕ 图 2-33　男女骨骼对比图

　　如图 2-34 所示,背部防护背包是一款为登山、自行车运动员设计的背包,它采用了具有保护作用的特殊填充材料,弓形的背部曲线设计更加贴合人体的曲线,加大的腰带可以提供更好的稳定性。此款创新的背部保护装备符合专业需求。同时不论在硬质还是软质部分,都呈现出高品质设计及优质的做工。图 2-35 是一款交通工具的设计图,该交通工具以其功能结构与形态的完美结合获得了“欧洲自行车 2005 年度金奖”。

☊ 图 2-34　背包

☊ 图 2-35　交通工具

2．结构设计的表达形式

（1）结构草图的表现。与结构素描的表现方法类似,结构设计图需要将产品各部分之间的衔接关系明确地表达出来,即随着功能结构之间的切换,各部分的形态是如何进行转换的。

如图 2-36 ～图 2-38 所示为结构素描。

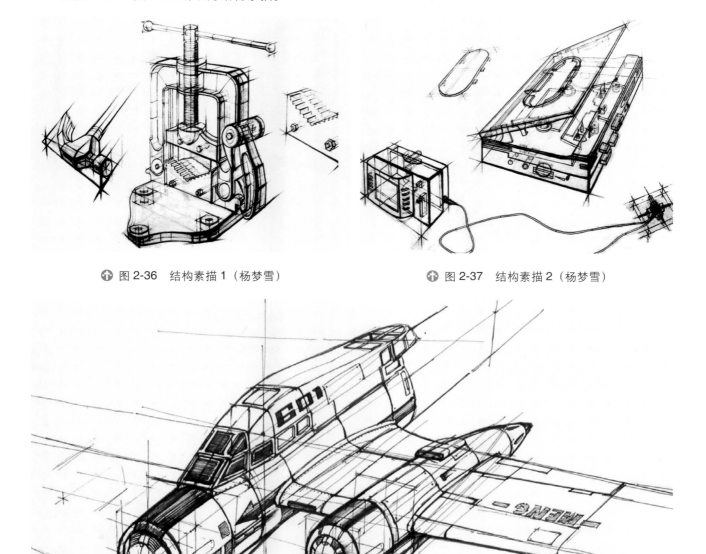

✪ 图 2-36　结构素描 1（杨梦雪）　　　　✪ 图 2-37　结构素描 2（杨梦雪）

✪ 图 2-38　结构素描（德国哈勒艺术学院）

如图 2-39 和图 2-40 所示为结构表现图。

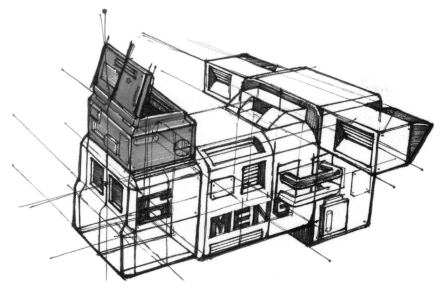

🔆 图 2-39　结构素描（孟野）

🔆 图 2-40　人机分析（杨雪梦）

（2）设计草模表现。为了验证设计方案是否可行，通常会采用制作草模的办法来对所设计的结构问题进行研讨。

　　例如，针对图 2-41 添加快餐盒以方便携带的问题，图 2-42 和图 2-43 提出了解决方案，并用草模的形式进行验证。

在日常生活中，我们会因为过了时间或者别的原因带早饭菜带回家，所以
我们小组设计了一个打包用的装置。用来代替塑料袋，用了塑料袋了乱使用造成
白色污染，所以我们所选材料为纸，环保，防渗漏，也可回收利用。

设计思路：①包饭，打色泳 　　两边对折，打一个活结。
②纸不好打色泳，习可用折痕和卡榫来实现对碗的固定。
此打包泳简单快捷，节省时间，给顾客提供了方便。

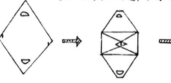

装饰用的一次性饭盒，如下图所示：

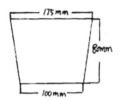

足测量：一次性碗的碗口直径为175mm，碗底直径为100mm，高为80mm
下面是一次性碗的色泳图（注：用于无法购买一次性碗所用的材质；我们
小组暂且用卡纸代替）

⊕ 图 2-41　快餐盒设计方案

以下是榴榴木4参比例到的展示图。

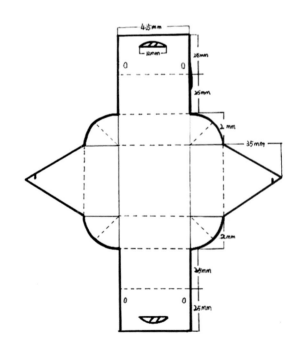

⊕ 图 2-42　草模方案

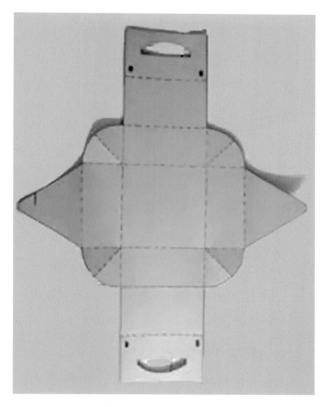

⊕ 图 2-43　草模制作

（3）计算机辅助设计表现。计算机作为现代工业设计中的重要辅助性手段,已被广泛地运用在设计过程中。在设计方案确定之后,通常会借助计算机来帮助我们做更进一步的设计思考,其表现形式一般有爆炸图和外观效果图两种（图2-44～图2-47）。

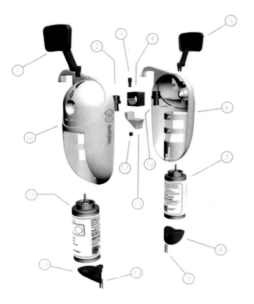

⊕ 图2-44　爆炸图1

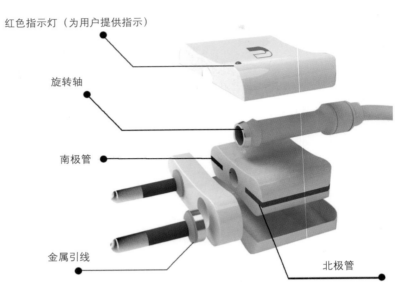

红色指示灯（为用户提供指示）

旋转轴

南极管

金属引线

北极管

⊕ 图2-45　爆炸图2

⊕ 图2-46　相机效果图1

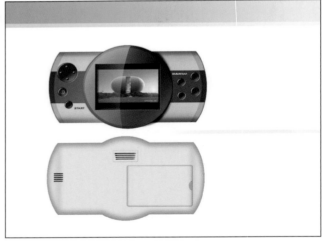

⊕ 图2-47　相机效果图2

2.3.4　设计展开与表达

　　一个产品的设计是在不断完善的过程中慢慢孕育出来的。因此,这是一个让设计构思逐步明晰化的阶段。当所有的关键性问题都在这里得到解决时,这个阶段就可以结束了。

1.对于单个产品的细节深入

　　在对前面的设计构思及结构与功能方面的问题进行充分分析考虑之后,接下来就需要将这些问题同产品的形态一起进行一次整合,即将所有的问题逐一展开并统一到一个完整的形态之中。在这个阶段,我们的设计目标就是要处理好产品各部分形态与功能、结构之间的关系，使它们看上去协调完整。同时还要考虑模具的制造工艺，以及产品各个部件所用的材料是否合适等因素，直到一个相对完善的方案出现（图 2-48 和图 2-49）。

✿ 图 2-48　手机设计 1

✿ 图 2-49　手机设计 2

⊞★ 设计案例：手机设计

随着手机技术的发展和人们生活节奏的加快，手机在人们生活中发挥着越来越大的作用，这使手机的多元化功能得以发展，不再只是充当通信工具。智能化、微型化、安全化、多功能化是未来手机发展的趋势。此款设计旨在使操控简易化，功能得到最大体现。

投影多媒体技术作为一种成熟的数字技术，被广泛地使用于多媒体教室和会议室。DEXTOS 这款手机的设计概念就是：如何运用一种更加简易的操作模式，将这一技术与手机的通信、摄像、游戏、MP3 四大基本功能一起运用到手机中，为手机带来多媒体投影式的操控及演示平台，让此款手机通过对空间的有利利用，使它成为即时影院、即时游戏平台、即时演示平台。

（1）初期方案：鼠标式操作配合投影（图 2-50～图 2-53）。鼠标技术为计算机提供了十分方便的操作模式，可以将其移植到手机中，通过手机在桌面等介质上的移动进行操控，并与手机携带的微型投影仪通过蓝牙技术实现同步，建立三维立体的操作平台。这一设想避免了使用者因为复杂的按键而手忙脚乱。

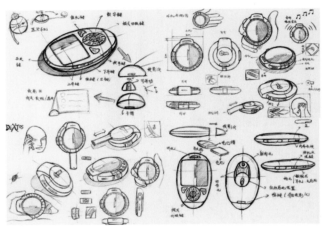

⊕ 图 2-50　草图 1

⊕ 图 2-51　草图 2

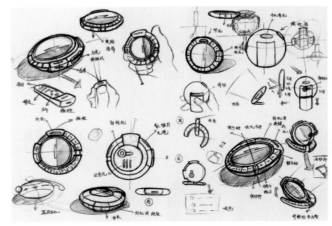

⊕ 图 2-52　草图 3

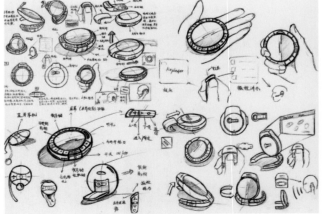

⊕ 图 2-53　草图 4

在外形上考虑手机鼠标式操作模式的特点，用圆滑的外形风格。外形贴合人手部的曲线。逗号式的外形比较新颖，比较适合年轻群体。逗号的尾部可以起到握柄的作用，这样使用时更加得心应手。

椭圆形的外形相比逗号元素更加简洁，适合群体更加广泛，这也适应商务人士对手机外形的要求。商务场合时可以利用手机建立即时演示平台，直观简易地体现自己的想法。

（2）深化方案：屏幕投影配合遥控操作（图2-54）。当今工业设计更加注重外形结构与功能的结合。此款手机的设计思想遵循简练的原则。初期方案中微型投影仪是投影技术的直接支持设备，它与手机本体之间并未一体化。设想手机屏幕加入投影功能，这样既减去了微型投影仪的安放程序，还省去了手机与投影仪之间数据进行无线传输的过程。手机屏幕投射出相关影像，配合红外遥控操作更加直观、简易。

⊕ 图2-54　手机设计

　　红外遥控接听电话是又一创意。将手机的听孔设置在遥控顶部，用户在使用遥控进行操作时，也可以直接使用遥控接听电话。在遥控插入手机的卡槽时，遥控顶部便成为手机的听孔部位。遥控按键主要设置方向键、确认键、返回键，尽量精简按键，达到简易直观的效果。方向键采用触屏技术也更加灵活。

手机外形依然采用圆形。数字按键分布在圆形机体上,拨号和挂机键占用较多体积,使其更加醒目,为使用者提供方便。侧面的开关键同样是根据人们使用惯设置的。设置了隐藏式话筒,在未通话时将其推入手机机身的槽中,使用时直接按键弹出,十分方便。话筒也使手机在形态上的表现更加丰富,不仅是单调的圆形。

外形在结构上紧紧围绕着手机的功能来设计。为了使投影功能更好地发挥作用,手机的屏幕板块和按键板块间通过转动杆连接,为屏幕投影提供支架,圆形的手机主体使得屏幕投影可以任意角度转动。通过投影技术的运用,给予使用者更大的屏幕、更大的操作界面、更大的演示空间和更简单的操作模式,使手机功能更加丰富。

2. 系列、配套类产品的设计展开

有时候一个新产品推出以后,与它相关联的一系列配套产品往往会伴随出现。这一类型的设计是对于现有产品的一个延伸或补充,其设计要点就是要在相互关联的产品中寻找不同的概念元素加以延展,或是在不同功能的产品中寻找共同的元素加以延展,以最终达到一个相互关联的效果。

如德国设计品牌 Hogri,由设计师创造出的系列化产品呈现幽默、可爱、充满动感的设计风格,以及几笔带过的流动线条,让产品表现出极富人性化表情感染力的特点(图 2-55)。

⊕ 图 2-55 系列化产品

3．产品的更新换代型设计

任何事物都会出现新陈代谢的过程,需要不断地推出后续同系列的新产品或是推出同一系列的升级产品。例如, iPhone 初代到 iPhone 7 虽然属于同一系列的产品,但后代的产品总是在不断地吸取前代产品的优点,改进它们的不足,从而更好地达到令用户满意的目的。对于此类型的产品,在设计时,我们一方面要提取原产品在设计中的核心元素加以保留,另一方面也要找出原产品中的不足之处,然后再结合新的设计理念与技术特点进行新的设计(图 2-56)。

iPhone手机的边框由正方形到圆角;材质由金属到陶瓷再到金属加工工艺。随着型号的迭代,手机尺寸也逐渐加大。

新一代的型号体现了新的设计理念和技术特点,也保留了上一代的核心元素与特点。

⊕ 图 2-56　系列变迁

2.3.5　方案的确定与表达

1．对方案确定性的判断

方案的确定是指根据设计命题或设计目标评定备选方案是否达到设计要求的过程。在快题设计中,这个过程一般可以从以下几个方面考虑。

(1)方案的切题性。就像写命题文章不能跑题一样,快题设计同样不能"答非所问",它的评价标准就是设计命题。也就是要看设计者是否根据设计命题找到了问题的根源,以及针对问题而寻找的各种解决方法中,确定哪一种或哪几种方案是合理的,是具有可实现性的。

(2)方案的创新性。创新能力的培养是快题设计的重要训练目标,设计方案的创新程度是评价设计好坏的一个重要指标。创新包括功能、结构、形式和使用方式等多个方面。在评价方案的创新性时,可以从横向或纵向等不同的角度来对既有的方案进行评估,选取创意性最强的那个方案即可。当然,在选择方案时,由于创新度不是一个完全可以量化的指标,所以需要根据具体的命题环境来确定。

(3)方案的感染力。这点是设计方案给人的最直观感受,方案的造型质量起着决定性作用。在方案论证过程中会产生一系列不同造型风格的设计,在最后定稿并选择方案的时候,应该选择最能表现设计概念与主题的造型方案。

(4)方案的可行性。方案的可行性主要是从材料、结构、工艺等角度出发考虑该方案是否可行。许多同学在设计中常会出现这样的问题:一是避开真正的问题来想自己的方案;二是在思考产品方案时不考虑可行性,而是当作概念设计,正确的做法应该思考可以用什么方式和何种技术实现。

以上是定稿选择方案时主要考虑的方面。在实际快题设计中,往往要综合权衡各方面,从一系列方案中选出自己最满意的设计,再进行最后深化并最终定稿。

如图 2-57 所示,定稿的过程实际上就是对解决方案进行筛选、评价和调整的过程,是对解决方案进行重新审视,使之与设计目标一致。

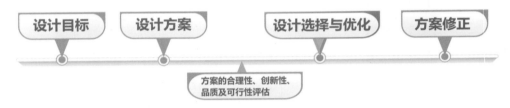

🔁 图 2-57 方案的确定及设计流程

2．确定方案的表达形式

(1)手绘设计效果图。当我们对于设计方案的想法思考比较成熟的时候,就需要用一种形式把它确定下来,通常我们会用手绘表现的形式进行表述。手绘效果图可以使产品给人一种较为直观的感觉,往往会比计算机效果图更具有感染力。设计者只有较好地掌握了手绘效果图的技巧与方法,才能更为准确贴切地表达出自己的想法与设计理念(图 2-58)。

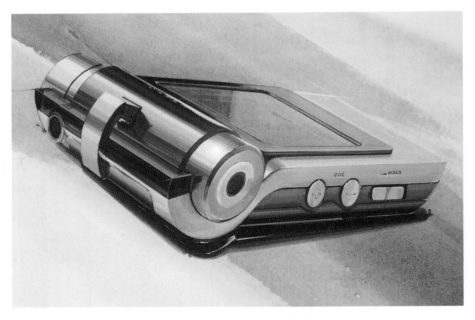

🔁 图 2-58 数码手机(杨艺)

　　（2）计算机效果图。相对于手绘效果图来说，计算机制作的效果图具有更为真实的效果。随着计算机硬件和软件的飞速发展，计算机辅助设计逐渐成为产品概念设计过程中一个不可缺少的重要工具。它能够快速模拟出产品的真实效果，更为直观地表达出产品的细节。

　　设计中会涉及许多平面和三维软件，这些软件都有各自的特点，只有在了解各个软件自身的特性和优缺点的基础上，合理搭配，综合使用，发挥辅助设计软件最大的效用，才能取得良好的效果，达到最终的设计目标。

　　如图 2-59 ～图 2-61 所示为部分计算机效果图。

✿ 图 2-59　手机设计（詹言敏）

显示屏

摄像头

导管

按钮

✿ 图 2-60　显示屏设计（詹言敏）

✿ 图 2-61　打印机设计（候海涛、刘贝利）

2.3.6　排版与展示

　　当设计方案完成以后，通常需要通过展板的方式将整个设计过程进行一次总结，同时也可使观者能更好地理解设计者的想法。产品设计的展示形式主要有展板展示和 PPT 演示两种。前一种形式侧重于设计的结论式展示，多用于设计展览之中；后一种形式侧重于对设计过程的描述，多用于设计答辩或进行设计交流。下面我们分别就这两种不同展示形式在排版中需要注意的要点进行讲述。

1．展板设计要点

　　展板所表现的内容主要包括设计思想、主效果图、细节表现图和三视图等，展板的数量与尺寸一般是根据设计的内容量决定。

为了能使设计的内容达到最佳视觉展示效果,我们总结了以下几个排版时需要注意的要点,供大家参考。

1)版面布局主次分明

在布局时,要有主有次,切忌多而杂。为突出主题,产品的主效果图通常选用前后侧视45°视角或其他一些比较有表现力的角度来进行表现。主效果图要选用比较精细的图片进行重点表现。其他如三视图和一些小的细节图则作为次要表现的对象来表现。

下面介绍一些常见的版式布局。

(1)各个部分内容布局明确而规整,最显要位置突出主效果图,其他内容约占总版面的一半比例(图2-62)。

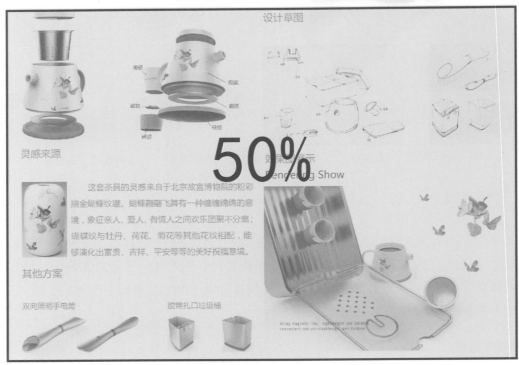

图2-62 博物馆文化产品设计(陈芷萱)

（2）各部分内容布局划分不那么明显，相互有交叉重叠，这种布局要特别注意各部分的层次关系，仍要突出最主要的内容（图 2-63）。

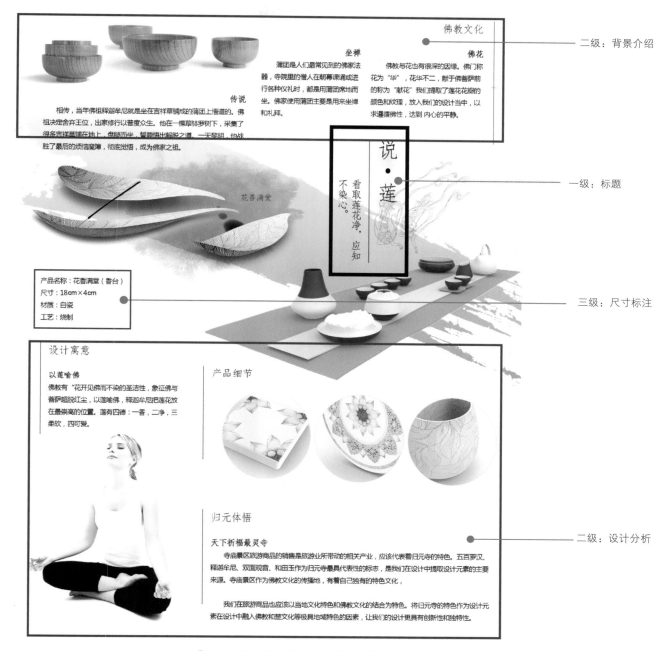

⊕ 图 2-63　说·莲 1（林子云、罗雨薇、吴丹、肖玲）

（3）整个设计过程或者产品使用过程以一组连续的故事情节来表现，展板内容不再做明显区分，每个情节中有相应效果图、设计说明以及其他需要的内容，就像讲故事一样，生动有趣。这中间要注意情节的疏密和轻重，也就是每个情节中，各种内容搭配合理，依旧要有主有次，重点突出（图 2-64）。

2）渲染版面整体氛围

犹如绘画的色彩基调和音乐的感情基调需要根据主题来确定一样，版面也需要有一个整体的基调。这个基调同样是根据设计作品的主题来确定的。

图 2-65 为一个文创设计的展板，因其设计主题是银器装饰用品，因此，版面整体氛围简洁素雅。

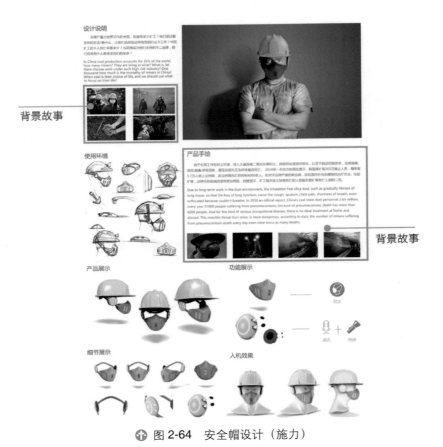

⊕ 图 2-64　安全帽设计（施力）

⊕ 图 2-65　博物馆文化创意礼品设计（廖罗伟）

图 2-66 为一个鄂州文创设计展板,其主题是传统文化再设计,因此展板氛围突出传统文化元素。

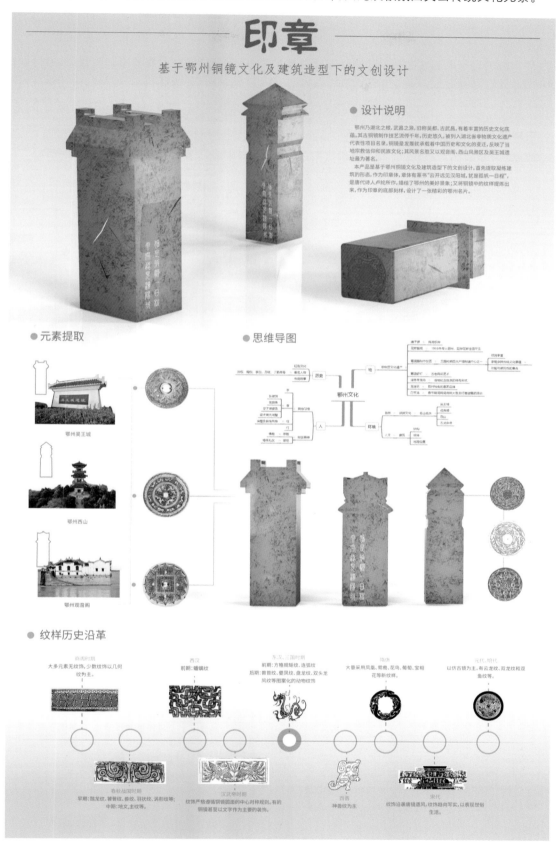

图 2-66 鄂州文创设计(陈明仪)

3）做好细节处理

（1）处理好版面中的字体。不同字体的粗细、大小对展板效果有不同的影响。较大的字体可用于标题或其他需要强调的地方。

小一些的字体可以用于页脚和辅助信息。需要注意的是，小字号容易产生整体感和精致感，但可读性较差。

字体可以充分地体现设计中要表达的情感。字体选择是一种感性、直观的行为，但要依据版面的总体设想选择合适字体：粗体字强壮有力，有男性特点；细体字高雅细致，有女性特点。在版面中，字体种类少，版面雅致，有稳定感；字体种类多，则版面活跃，丰富多彩。

黑体字规整，容易与图片相协调，融入展板氛围，是版面设计中应用最为广泛的字体（图 2-67）。

⊕ 图 2-67　说·莲 2（林子云、罗雨薇、吴丹、肖玲）

（2）处理好版面中文字与图形的关系。文字和图形是版式设计中两个重要的组成元素。文字是对图形的一种语言阐释和补充,图形则是对文字内容的一种视觉展示,两者相辅相成,相得益彰,直接左右着整个版式的设计风格。因此,单个字体的大小与颜色,字块与字块间的线、面关系,以及元素间位置的摆放处理等,都是根据图形的内容来确定,要将两者结合在一起来考虑（图 2-68 和图 2-69）。

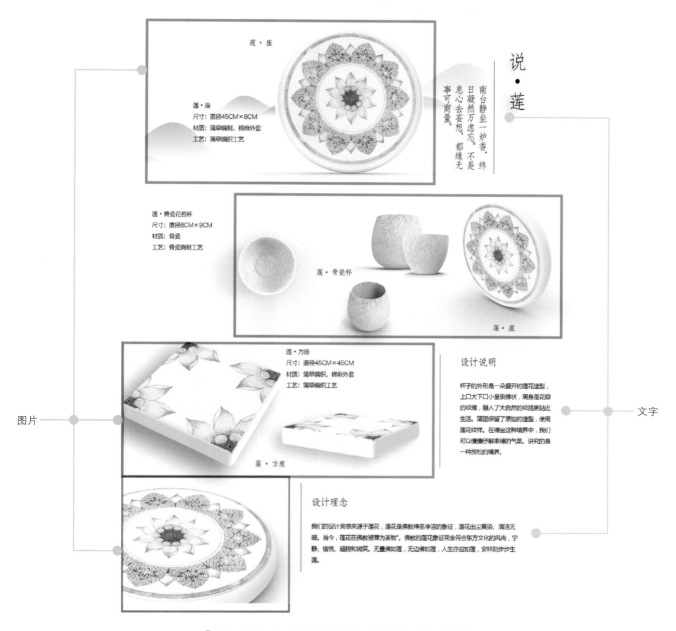

⚘ 图 2-68　说·莲 3（林子云、罗雨薇、吴丹、肖玲）

2．设计演示过程的排版要点

随着国内设计教育的不断发展以及各院校间对外设计交流的日益频繁,在设计交流活动、学生毕业答辩,甚至在一些设计赛事的终评阶段,都需要设计者将自己的设计过程进行论述与演示。那么,如何才能更好地将你的设计演示出来,让更多的人理解你的设计呢？演示排版是一个很关键的内容。除了同样要遵循前面讲述的排版要点外,还需要注意如下几点。

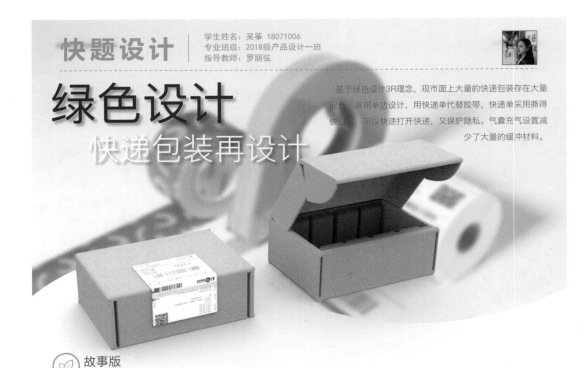

快题设计 | 学生姓名: 吴筝 18071006
专业班级: 2018级产品设计一班
指导教师: 罗丽弦

绿色设计
快递包装再设计

基于绿色设计3R理念, 现市面上大量的快递包装存在大量浪费。采用单边设计, 用快递单代替胶带, 快递单采用撕得快设计, 可以快速打开快递, 又保护隐私。气囊充气设置减少了大量的缓冲材料。

故事版
storyboard

草图绘制
The sketch map

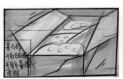

设计说明
design specification

思维导图
mind mapping

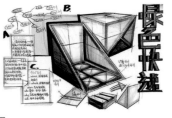

细节展示
show details

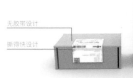

图 2-69 快递包装设计 (吴筝)

1）理清思路,合理安排演示内容

从前面几节设计过程的讲述中我们可以知道,快题设计虽然要求设计的时间短,但麻雀虽小,五脏俱全。所以,在展示设计过程时,我们需要围绕设计主题,将设计的理念和过程表达清楚,关键是要让人家明白你为什么要这样去思考、去设计（图2-70和图2-71）。

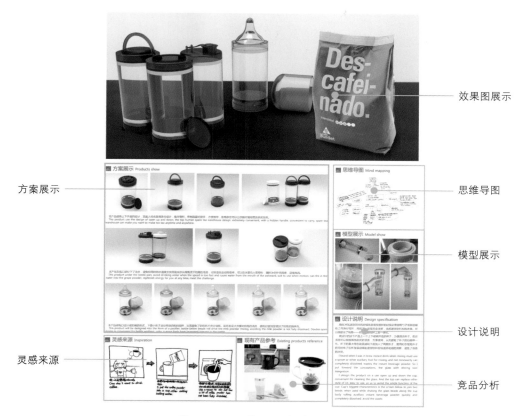

🕂 图 2-70　快题设计（曾嘉莹）

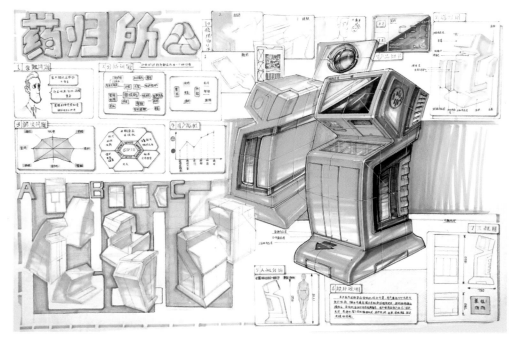

🕂 图 2-71　药归所（任子涵）

2）给版面一个明确的色调

　　控制好版面的色彩基调,尽量要让版面中的每一个部分看起来都很协调,包括文字在内的所有版面用色,应该根据版面的主题基调来确定一个色系。就像一个体育队伍的运动服或者是一个公司的商标那样,要有一个统一的基调（图 2-72）。

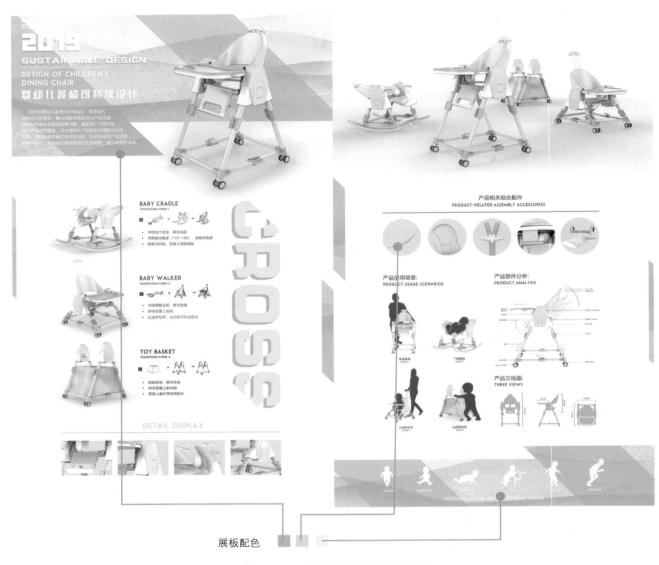

🔆 图 2-72　婴幼儿餐椅可持续设计

思考与练习

　　根据本章中讲述的设计要点,试设计一款日用家电产品,并制作出完整的设计报告书,内容包括目标导入、调研分析、设计概念、结构分析、方案确定、展板设计。

第3章
快题设计思维方法与表达

教学目的

培养设计创新思维。掌握设计创意方法和表达手段,运用主题分析思维发现、分析、解决问题。

教学重点及难点

重点:创新思维方法内容的讲解,以及讲授如何梳理思维导图和绘制好的故事板,从而提出更好的设计创新点。

难点:使学生更有效地运用思维工具和创新方法研讨和表达设计思路。

教学方法

运用启发式教学进行课程内容的讲授,结合相互提问、小组讨论的方式,围绕教学核心内容展开,打开设计思路。

3.1 创新设计思维方法

创新设计思维方法的核心思想是从人、产品、环境入手寻找和谐平衡的关系。创新设计思维是层层递进的逻辑思考过程,随着设计研究由浅入深地推进,创新设计思维将经过思维构建、思维深入、思维辩证三个层级变化(图3-1),每个层级中蕴涵了不同的思维方法。下面主要介绍其中8种常用的思维方法。

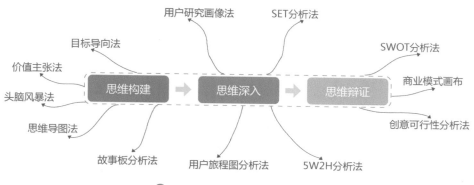

⊕ 图3-1 创新设计思维方法图

1．目标导向法

目标导向法是根据最终目标来制定导向（图3-2）。可以从两个不同纬度思考：第一是"以市场目标为导向"，明确市场、用户、产品、环境等实际需求目标，注重人机使用、安全性能、产品形态与CMF设计、结构功能、市场营销、产品成本等；第二是"以未来创新为导向"，运用前沿科技，使用新材料，结合社会发展趋势，提出颠覆性产品，打造新的生活方式、产品使用情境和用户体验。

2．头脑风暴法

头脑风暴法是激发思考及拓宽思维的有效方法，有发散问题和分析解决问题的功能（图3-3）。通过充分理解、讨论主题，从而进一步利用头脑风暴法来进行信息记录，突出解决问题的重点，对主题关键词进行思维发散，并对信息分层归类，尽可能从多个不同维度特征思考记录。还可以通过联想、逆向思维或假设的方式提出差异化的观念，从而产生更多的创新想法。

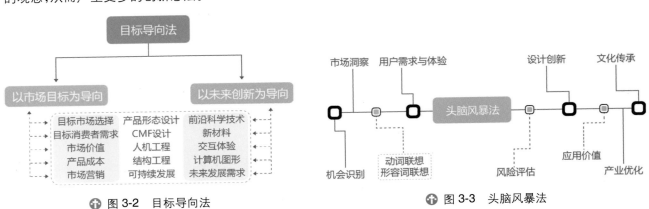

图 3-2　目标导向法　　　　　　　　　　图 3-3　头脑风暴法

3．思维导图法

思维导图法是一种系统的思维分析方法，可以帮助我们展开思路。通过思维导图将主干信息逐步延展到各个分支信息，能够丰富创意思维，从而更加系统地实施创新。

思维导图是在特定主题下构建信息与信息之间关联性的图表形式，设计者可以使用思维导图探索创新的构成因素，以及其内在联系。通过思维导图可以构建全面的信息概览，帮助我们站在全局的角度梳理重要信息（图3-4）。

图 3-4　思维导图法

4．故事板分析法

故事板分析法是基于特定情境在连续的时间和空间中，以图片及文字等形式表现思考的过程。该方法用于寻找核心用户群体，对其生活情境进行构建，突出核心用户所遇到的问题和需求（图3-5）。使用图文并茂的形式，绘制关键使用情境，有利于我们理解用户目标和动机。

5．SET 分析法

SET 分析法是产品设计前期分析理论，是为寻找"产品机会识别"突破口，不断地对社会趋势、经济动力、先进技术三方面因素进行综合分析的方法（图3-6）。该方法以用户为中心，以创造更合理的生活方式为目标，从社会、经济、技术的宏观角度验证创新点是否合理，并寻找创新机会。

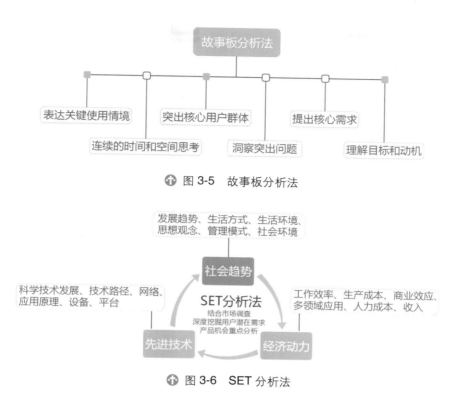

⊕ 图 3-5 故事板分析法

⊕ 图 3-6 SET 分析法

6. 5W2H 分析法

5W2H 分析法是以提问的方式,通过提出做什么事、为什么做、何人参与、何时、何地、如何去做、有多少等问题,将其进行梳理,发现解决问题的线索,寻找创新思路,进行设计构思,进一步提出产品设计定位和解决方案（图 3-7）。

⊕ 图 3-7 5W2H 分析法

5W2H 分析法可以对问题进行界定与表述,并发现未知的情况,掌握设计本质。有助于思路的条理化,易于理解和分析信息,并富有一定的启发意义。

7. 用户旅程图分析法

用户旅程图又称为"用户体验地图",反映用户在使用产品或服务过程中所产生的全部行为与体验,并将其过程可视化呈现。通过时间的推移和阶段的变化,来挖掘用户的行为、需求、想法、情绪曲线、问题与机会点（图 3-8）。形成可视化构图,将核心重点信息包含其中,通过用户旅程图里分析得出的问题与机会点,能够使我们站在系统的思维层面综合解决设计问题,以便对产品和服务进行改进和创新,提出新的产品机会。

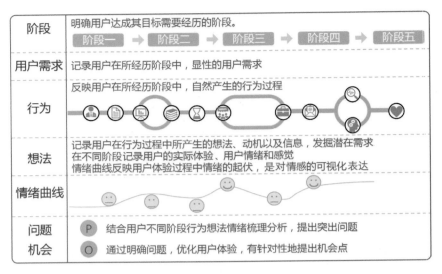

↑ 图 3-8　用户旅程图分析法

8．创意可行性分析法

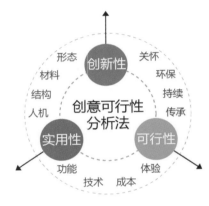

创意可行性分析法是在思维创新后期，即进入思维辩证阶段使用的方法，是对创新想法进行筛选，是一种优化排序的过程，以便帮助我们选出最佳创意方案。可以围绕人、产品、环境从"创新性、实用性、可行性"三个主要层面进行综合分析（图 3-9）。创新性侧重于形态、材料、技术、使用体验、情感关怀，以及产品的人文价值等；实用性强调实际功能、产品使用情境、对环境的保护与可持续性等；可行性注重实现创新的技术背景、未来发展趋势，以及产品应用价值等。

↑ 图 3-9　创意可行性分析法

3.2　主题分析思维

3.2.1　主题类型与设定方法

首先我们要了解主题是什么？主题是设计任务的中心思想，体现设计的目标。我们在做设计之前首先应充分理解主题，明确中心思想，再开展设计任务。

主题类型大致可归纳为三种（图 3-10）：①开放式主题，一般没有具体限定要求；②半开放式主题，对设计内容有一定的限定要求；③限定式主题，具有明确具体的限定要求。

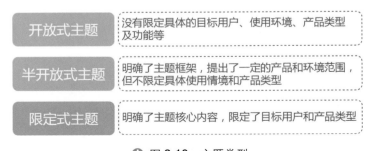

↑ 图 3-10　主题类型

开放式主题：没有限定具体目标用户、使用环境、产品类型及功能等,对于设计者来说可以发挥的空间较大,可通过对主题核心信息的梳理归纳和分析,结合社会发展趋势,并融合自身思考,再拟定主题具体设计内容。

以"智能生活"为主题的产品设计为例,这幅作品是系列化智能无人配送车设计（图 3-11）,主要用于医院和紧急救助空间,帮助医务人员送药和快速取药。遇到障碍物和上下楼梯时,车轮可自动调节并方便人们通行。内部使用抗菌材质,储物空间可变换调整,便于医务人员使用。

⊕ 图 3-11　系列化智能无人配送车设计（王娜）

半开放式主题：明确了主题框架,提出了一定的产品和环境范围,但不限定具体使用情境和产品类型。可根据主题核心关键词,对材料、技术、能源、功能使用等与之相关的不同层面进行梳理,分析并挖掘具有创新性、可行性的内容。

以"安全出行"为主题的手持产品设计为例,这幅作品是一款汽车落水救生工具设计,具有布置灵活、占用空间小以及能适应较恶劣环境等特性（图 3-12）。产品综合考虑了用户使用工具的动作和效率,将破窗、报警、漂浮、逃生等功能进行了整合设计,既保证了车内人员能快速逃离落水车辆,也为驾乘人员逃出车辆后提供持续的保护措施。

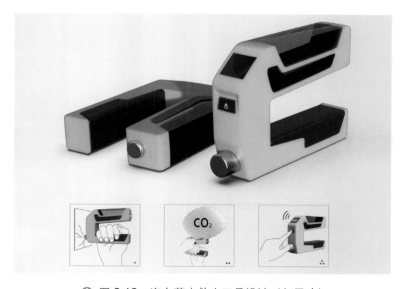

⊕ 图 3-12　汽车落水救生工具设计（赵子喻）

限定式主题：明确了主题核心内容，限定了目标用户和产品类型。可根据主题核心关键词，对环境、材料、技术、服务、用户体验等与之相关的不同层面进行梳理，分析挖掘差异化和有价值的创新点。

以"视障人群厨房产品设计"为例，这幅作品是专门针对视障人群设计的电磁炉和调味盒（图 3-13）。以触觉化设计激发视障人群对产品的深度使用体验。在产品加热区设计了隔热圈，同时能够对锅具放置进行定位，避免视障人群触摸被烫伤，功能键设计使用盲文凸点肌理，方便识别和触控。产品左右两个功能区可放置调味盒与厨具，为磁吸可拆卸结构，可根据左右手使用习惯调换装配。对调味盒顶部形态进行了触觉差异化设计，通过触摸顶部按钮形状，能快速区分调味品，对按钮进行按压便可出料，底部旋钮可以调节用量，为视障人群提供了更好的厨房产品使用体验。

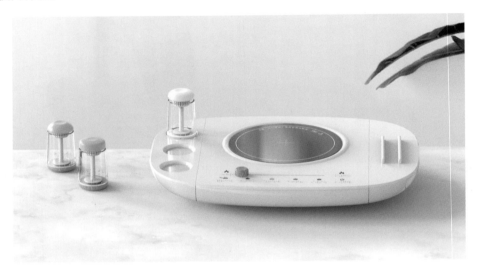

⊕ 图 3-13　视障人群厨房产品设计（范舒琪）

无论是开放式主题，半开放式主题，还是限定式主题，三个类型虽有差异，但有一个共同的核心本质，就是以解决问题为出发点，可以从发现问题，分析问题，再到解决问题，按这样的一个过程深入设计内容（图 3-14）。

面对不同的主题类型，最终都需要我们提出具体主题设定目标，如目标人群、具体产品、使用环境和创新点等，才能更好地展开设计内容。在设计创新中，最重要的环节是主题设定，只有充分理解主题，把握合适的目标方向，才能够充分表达思想，使研究设计过程更有效，实现设计创新目的。

⊕ 图 3-14　主题思维核心

为了设定合适的主题，需要做充分的研究，对相关信息进行归纳分析，发现信息的关联点，以及存在的关键问题和需求，提取关键词，从多个不同角度进行思维发散。针对人、产品、环境三要素综合分析，深入挖掘问题和机会，从而进一步明确主题设计定位。

主题设定应围绕主题核心思想展开研究并确立。第一，充分理解主题，归纳关键词，进行可行性关联重构；第二，主题内容设定应符合主题中心思想和目标；第三，应解决突出问题与需求内容，并寻找机会点；第四，应有明确目标，定义用户、产品、环境等具体内容；第五，主题设定范围不太宽泛也不太狭窄；第六，应具有创新性、可行性，能反映核心价值。

3.2.2　主题分析思维方法

主题分析思维方法主要分为五个步骤（图 3-15）：①关键词列举与梳理。从主题类型以及所要传达的信息入手，充分理解主题内容，归纳提炼关键词。②故事板与问题发现。绘制故事板对关键内容进行梳理，深入研究进行可行性关联分析并发现问题。③思维导图与问题分析。使用思维导图梳理关键内容，围绕人、产品、环境进行问题及需求分析。④问题归纳与机会点列举。对核心问题进行分析归纳，并筛选机会点，提炼设计的核心价值。⑤主题设计定位。根据核心价值，进一步明确主题中心思想和目标，进行设计定位，定义用户、产品、环境等具体设计内容。

图 3-15　主题分析思维方法

1．关键词列举与梳理

在主题分析初期通过对关键词列举与梳理，类似于"头脑风暴"，能够对主题内容进行剖析；可以将头脑里产生的思维进行逻辑性的信息分层与归类；还能将信息进行可行性关联重组（图 3-16），从中发现问题，并推演解决问题的不同方法。针对关键词列举与梳理，可以进一步提出与主题关联的核心关键词，并能更有效地挑选出具有研究开发价值的信息，为后续研究搭好基础框架。

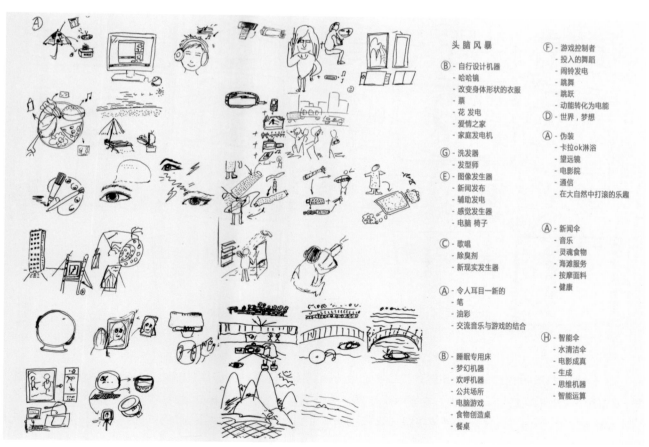

图 3-16　"快乐体验"工作坊

2．故事板与问题发现

故事是交流的基础方式,故事内容包括故事人物角色、故事发生的环境、故事情节、阐述观点等,故事以视觉化的方式呈现设计概念。故事的作用是能反映问题发生的背景,以及梳理解决问题的方法。好的故事从核心用户叙述角度出发,能让人感受到产品、人与环境系统之间的关联,反映核心用户的感性和理性需求。

讲述故事是为了达成共识和推动交流。常见的故事叙述形式包括口头讲述、现场和视频、图片与文字等。在主题分析初期,应用较为广泛的是以图片与文字形式的故事板。故事板是将思维进行图示转化的过程,将真实的情境用图示模拟表达,通过对故事板的绘制与分析,可以进一步从中发现并明确提出问题,能够更直观深入地挖掘核心问题和需求。还能在故事板的绘制中,梳理使用人群、使用产品、使用环境这三个层面的信息,能够分别从三个层面进一步推敲和细化不同问题和需求,还能从使用流程和系统上整合内容和列举问题。故事板能使设计者进一步地梳理主题中心思想,以及明确问题的突出点。

构建故事板的基本方法:①根据实际情况,简明扼要地表现图文内容,突出核心关注点;②可从背景介绍开始,问题发生在哪里? 用户需要做什么? 过程中遇到了哪些问题? 与之相关的使用过程体验有哪些? ③故事板应该从一个或一群相关用户的角度客观描述问题,根据潜在人群特征创建用户画像。

图 3-17 的故事板描述的是用户在卫生间洗漱的一系列问题。如洗漱时牙膏容易挤多,不容易粘在牙刷上;卷筒卫生纸在抽拉过程中容易被更多地拉出来,不易还原收缩回去;洗漱照镜子时,因镜子光线太暗而无法看清楚等。

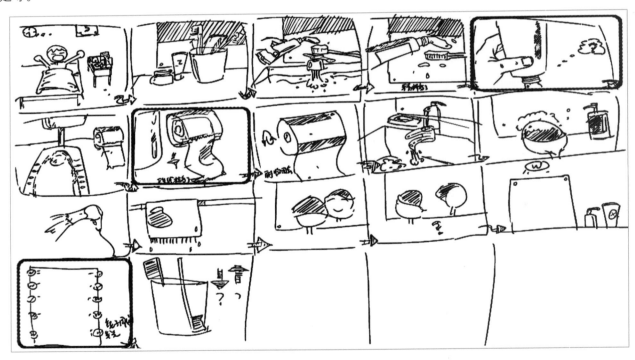

⊕ 图 3-17　故事板（胡亚俊）

图 3-18 的故事板描述的是使用过的口罩在回收方面遇到的问题:人们居家时缺乏口罩回收消毒分类设备;老年人使用一次性口罩的时间较长;在家中将使用过的口罩随意放置;丢弃口罩时,不清楚处理方式等。

故事板（图 3-19）描述的是视障人群在烹饪食物的过程中,时常出现的各种问题,例如,不确定食材是否已清洗干净,无法快速安全地使用刀具,用手触摸锅具感受油温时被烫伤,不确定调味料用量等。

居家空间口罩回收分类设备少　　　　　　　　　室外空间缺乏口罩回收消毒分类设备

老年人使用一次性口罩时间较长　　　　　随意放置口罩　　　　　不太清楚丢弃处理方法

⊕ 图 3-18　故事板（涂宇轩）

  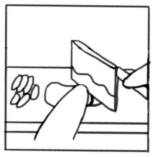 

清洗食材　　　　　食材是否清洗干净了呢　　　　　切食材　　　　　切到手，食材厚薄不均

感受油温时手被烫伤　　　调料用量不好控制　　　盛菜时会遗漏在盘外

⊕ 图 3-19　故事板（范舒琪）

　　图 3-20 的故事板描述的是视障人群居家和外出生活中面临的一系列困难。如家中饮水时，倒水容易将水洒到杯外；在使用插座时，用手触摸插孔存在安全隐患；外出购物时，对商品的日期、质量辨别困难等。

视障人士想喝水　　找到水壶和水杯的位置　　倒水倒在杯外　　倒水时水溢出杯外　　感受水容量和温度时被烫伤

找插座　　　　找插孔　　　用手触摸插孔有安全隐患　　在超市选购商品　　回家后储存物品　　拿出来发现水果坏了

🔆 图 3-20　故事板（范舒琪）

3．思维导图与问题分析

思维导图是将主题相关信息进行发散思维，并进行关联性重组，从而发现新的创意（图 3-21）。思维导图方法常用于以下几种情况：①讨论主题或任务时，需要利用发散思维获得创新性想法；②利用头脑风暴收集各种信息，将信息进一步发散联想，形成整体思维图；③需要详细归纳与主题相关的内容，将独立的信息相互关联；④寻求创意灵感。

思维导图里归纳的关键词可以运用文字、色彩、图片等形式增强逻辑性；在思考中，逻辑思维和形象思维并用，通过激发联想与创意，将各种零散概念融会贯通。在主题分析中期，运用思维导图对具体流程、系统、突出问题等进行梳理提炼，并从人、产品、环境各个层面进行重点分析，分析内容包括自然环境、使用情境、使用流程、用户需求、产品形态、材料、功能、色彩、技术、交互等。

思维导图的形式有多种，下面介绍常见的三种形式：①思维导图爆炸图，将核心词语写在中心位置，然后根据不同的信息分类，再分别展开思维联想；②思维导图树状图，将核心关键词向内在关联信息发散，并深入挖掘和细化，从中呈现出问题和需求；③思维导图流程图，将使用流程中的步骤、问题、需求、创新点等信息串联起来，深度挖掘问题，整理需求和创新点。

思维导图爆炸图（图 3-21）是以"情绪"为思维起点而进行的思维发散训练。关键词可以是动词或形容词等，能够使我们产生丰富的行为认识或情感关联。通过思维爆炸图的形式，对核心关键词的关联内容进行信息分类，再对其分支进行深度挖掘。这种方法是我们在概念设计中经常使用的方法。

思维导图树状图（图 3-22）是设计者通过思维导图法，将"家庭多肉植物养殖问题"进行思维发散与深入推敲，从自然环境、人为影响、产品因素等不同层面进行分析，引发化学降温，闷氧，改变光照强度，改变通风设施的系统性思考。

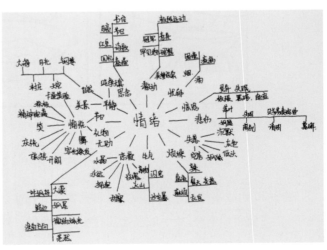

🔆 图 3-21　"情绪"思维发散训练

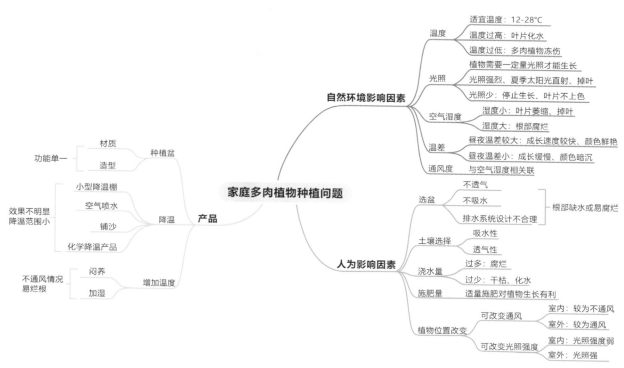

图 3-22 思维导图树状图（刘诗佳）

思维导图流程图（图 3-23）是设计者对"视障人群居家饮食制作过程"进行分析与思维发散，以解决问题为导向，针对每个环节反映出的问题进行分析，并注重行为与心理的关联思考，以便给视障人群提供更好的产品使用体验和人文关怀。

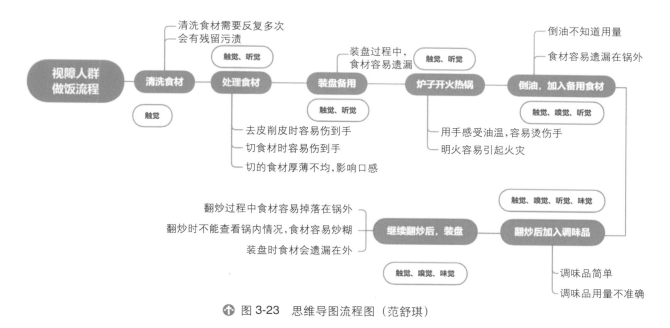

图 3-23 思维导图流程图（范舒琪）

4．问题归纳与机会点列举

通过关键词、故事板、思维导图的层层深入拓展，在主题分析后期，应对核心信息和问题进行归纳总结，把握重点问题与需求信息，归纳最为突出的具体问题，提出产品创新思路和解决方案，进行创新性和可行性的机会点列举。机会点应符合核心用户需求和使用体验，与市面上现有的产品形成差异化，突出特色，产品价值明确。

例如,对"工作压力与情绪"问题进行研究(图3-24),分析归纳出精神状态不佳,习惯性拖延,情绪较为敏感,心里感到矛盾等系列情绪压力现象,挖掘相关机会点,提出正念饮食、正念减压的概念帮助人们觉察自己的感受和感知;通过刺激视觉、听觉、味觉、嗅觉、触觉等感觉系统来改变、影响或转移消极情绪,达到缓解压力,舒缓情绪,提高工作效率的目的;增强人与人之间的交流互动;使用传感器技术,通过光敏、热敏、声敏、色敏等电子元件的应用,使产品富有情感化表现,关怀使用者。

工作压力与情绪问题	机会点
• 精神状态不佳,有时感觉身体酸痛。 • 出现暴饮暴食的情况。 • 习惯性拖延。 • 情绪较为敏感。 • 心里感到矛盾,一方面渴望独处,另一方面渴望被陪伴与倾听,希望得到他人的理解与支持。	• 正念饮食、正念减压来帮助人们觉察自己的感受和感知。 • 通过激发视觉、听觉、味觉、嗅觉、触觉的感觉系统,来改变、影响或转移消极情绪,达到缓解压力,舒缓情绪,提高工作效率的目的。 • 增强人与人的交流互动。 • 使用传感器技术,通过光敏、热敏、声敏、色敏等电子元件应用,使产品富有情感化表现,关怀使用者。

🔺 图 3-24　问题与机会点列举图(吴颖莉)

5. 主题设计定位

通过不同思维分析方法归纳关键词,提炼主题价值,从发现问题到分析问题,再到解决问题,信息从模糊到逐渐清晰。在主题分析后期,核心思想清楚明确,核心价值充分展现,进一步明确主题设计定位,包含用户定位、产品定位、环境定位,为后续开展具体设计创新明确目标方向。

例如,紧急医疗隔离设施设计定位(图3-25)。①产品定位:设计一套紧急医疗隔离设施。具体内容为可重复利用的坚固材料,使用超轻钢、PU(聚氨酯)涂层牛津布等;使用可收纳、变形、折叠的稳定结构;注重管理和隐私的紧急医疗空间规划;有可迅速完成的应急设施;采用多色面板,可清晰划分不同功能区。②用户定位:患者、医生、设施安装人员。具体内容为患者能够得到快速救治,提升医疗隔离设施的使用舒适度,保护个人隐私;使医生能够清晰辨识设施功能区;使设施安装者能够快速组装;调节医患心理情绪,提升医疗设备使用体验感。③环境定位:用于防疫隔离、紧急救治避难等情境。具体内容为针对疫情防控、应急避难需求,保证救治环境卫生安全;能够适用于多种地形,灵活快速拼装搭建,节约资源。

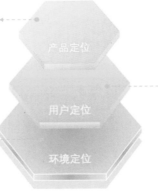

紧急医疗隔离设施设计定位

产品定位
紧急医疗隔离设施设计
1. 可重复利用的坚固材料,如使用超轻钢、PU 涂层牛津布等。
2. 使用可收纳、变形、折叠的稳定结构。
3. 保证个人隐私,便于管理空间。
4. 有可迅速完成的应急设施。
5. 采用多色面板,可清晰划分不同功能区。

用户定位
隔离治疗患者、医生、设施安装人员。
1. 患者能够得到快速救治,提升医疗隔离设施使用舒适度,保护个人隐私。
2. 使医生能够清晰辨识设施功能区。
3. 使设施安装者能够快速组装。
4. 调节医患心理情绪,提升医疗设备使用体验感。

环境定位
防疫隔离、紧急救治避难等
1. 针对疫情防控、应急避难需求,且保证救治环境卫生安全。
2. 能够适用于多种地形,灵活快速拼装搭建,节约资源。

🔺 图 3-25　紧急医疗隔离设施设计定位(戎元灵)

3.3　设计创意表达

3.3.1　设计创意方法

设计创意是通过设计语义研究,将文字信息转换为视觉化的信息,从而形成初步设计构思的过程。我们的创意灵感来源于"衣食住行"的各个方面,以及不同领域,如文学、建筑、音乐、考古等。在生活中细心观察积累,围绕人、产品、环境三要素展开研究,并对想法进行归纳总结,是形成设计创意的有效方法和途径。

设计创意的方法很多,我们从"联想类比""集成通用""综合创新"三个方面举例说明。

1.联想类比

1)形态联想法

符号与图形之间进行形象转换,往往通过有意与无意之间的联想自然形成。例如,字母 S 让人联想成"飞舞的飘带""蜿蜒的河流""腾飞的凤凰""一缕青烟""流动的光影"(图 3-26)。

🔅 图 3-26　形状联想法的运用 1

又比如,人们随意印在纸上的掌印可以被联想成国画中的竹子,再由写意的竹子又可回归到现实中竹子的形态(图 3-27)。通过这种形式的联想,设计者可以根据自己随意勾勒出的线条进行具象的物体形态捕捉,让这种随意画出的曲线通过对形状的联想得出视觉化图形,然后在一定的造型范围内提取全部或部分的形态。这种自由随意的思维引导方式在随机出现的图形刺激下,使我们的思维发散,从而达到拓宽思路的目的。

🔅 图 3-27　形状联想法的运用 2

2)逻辑联想法

逻辑联想法包含抽象逻辑联想法和具象逻辑联想法。抽象逻辑联想法可以写下一个起始物体或者画出一个图形,然后设定一个终止物体或图形,中间的过程自己联想。例如,起始物体为窗户,结束物体为糖葫芦。其间我们可以写出窗户、眼睛、睫毛、条形码、斑马、熊猫、中国、奥运、鸟巢体育馆、北京、糖葫芦(图 3-28)。

窗户 ……>眼睛 ……> 睫毛 ……> 条形码 ……> 斑马 ……> 熊猫

糖葫芦 ‹…… 北京 ‹…… 鸟巢体育馆 ‹…… 奥运 ‹…… 中国 ‹……┊

🌐 图 3-28　抽象逻辑联想法

其思维过程如下：眼睛是心灵的窗户；与眼睛联系紧密的是睫毛；睫毛和条形码外形相似；条码与斑马谐音；斑马是黑白的，熊猫也是黑白的，熊猫是中国特有的；中国举办奥运会；鸟巢体育馆是标志性建筑；鸟巢体育馆坐落于北京；北京的特色小吃是糖葫芦。

开头与结尾的逻辑差别越大越好，这样可以充分调动思维，逻辑层层递进，还可以扩散思维从而发现新想法。在进行抽象逻辑联想的过程中，应充分发散思维，涉及尽可能多的物体或者图形，拉大联想的物体之间的差异，但又符合逻辑上的联想关系。这样，通过不断的逻辑联想，窗户和糖葫芦这两个看似没有联系的事物就被关联到了一起。

具象逻辑联想法是一种以图形变化的方式传达思维联想过程的方法。例如，如何从篮球的形态联想到人的形态呢？我们可以先让球体与球面上的纹路脱离，形成上下的位置关系，然后各个纹路的形态逐渐变化，并且向人形靠拢（图 3-29）。这种通过一定逻辑联系的变形，将两个外形并不相似的物体联系起来的方法就是形象的逻辑联想法。

🌐 图 3-29　具象逻辑联想法

3）丢弃淘汰法

丢弃淘汰法是不断排除，即一个由加法到减法的过程。它是根据设计主题，先搜集大量与其相关的资料和元素，然后再经过层层筛选获取最终目标的方法。例如，以"光"为题展开相关事物的联系（图 3-30），人们可能会从最直观的联系开始思考，由"光"联想到太阳、星星、闪电、灯、蜡烛、萤火虫、烟火等事物；再联想间接联系的事物：玻璃、金属、镜片、钻石等；进一步联想光的性能：太阳能、量子、光谱、紫外线等；联想光的应用：皮影戏、光纤、硅光电池、透光混凝土等；再联想光与视觉艺术：色彩、影子、流动等，以及光与哲学的联想：气息、信念等。这种思维方式的整体趋势是呈金字塔形的，越深入，思考得到的面也越新颖独特。经过几番有目的的过滤思维之后，与他人雷同或相似的机会也就越小。

根据惯性思维理论，人们在很多时候思维是极其近似的，应不断地排除可能雷同或相似的想法，筛选出最具有特点的创意点。独创性在设计中是十分重要的，在平时生活和学习中，应该有意识地培养自己这样的思维方式，它对于快速寻找创意出发点有着很重要的作用。

4）仿生法

自然界中的生物经历了漫长的进化过程，各有其复杂的结构和奇妙的功能系统。仿生法是运用仿生学的思想进行创造的方法，通过模仿某些生物的形状、结构、功能、肌理以及能源和信息系统，来解决某些技术问题。通常我们是从形态仿生、结构仿生和功能仿生等方面入手进行设计。

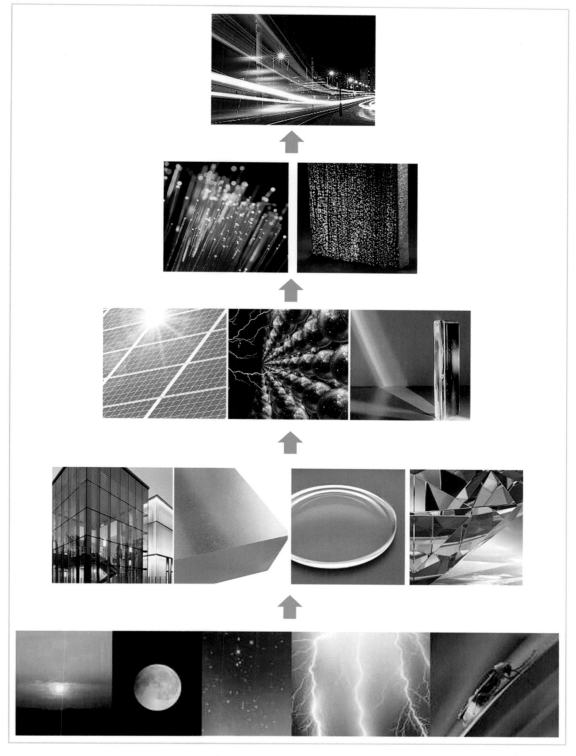

⬆ 图 3-30　应用丢弃淘汰法

　　图 3-31 为奔驰公司早期设计的一款概念车,工程师们从一种名为方盒鱼（boxfish）的热带鱼的形态特征中找到了他们想要追求的概念：它不但要有近似完美的空气动力学性能,安全、舒适,而且还要有匀称、和谐的整体结构。工程师们通过精确地复制它的模型之后发现,虽然它外观上看起来四四方方,但事实上这种热带鱼具有近乎完美的流体动力学外形。它在风洞中测试出的风阻系数仅有 0.06。

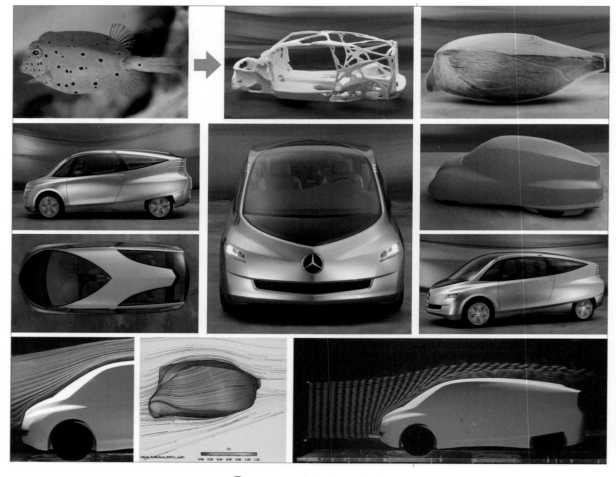

⊕ 图 3-31 奔驰仿生概念车

图 3-32 的这款由波士顿动力公司研发的仿生机器狗（Spot），模拟犬的骨骼运动，设置灵活多变的姿态动作，以适应复杂多样的工业环境。它背部可挂载监控检测设备，不仅可以通过变焦摄像收集图像信息，阅读和测量各种仪表，还可以检测排查泄漏问题；另外配备激光扫描仪，运用数字孪生技术，对工业环境进行数据模拟识别；同时机器狗能进入危险环境中排除故障，降低人员安全风险。

⊕ 图 3-32 波士顿动力公司的仿生机器狗（Spot）

2．集成通用

1）标准化设计

通过运用国内外先进标准，实现生产和应用在国际上的统一。标准化具有科学的合理性、技术的先进性与普遍性。如产品零件标准化通用，零件的可替代性、结构组合方式的通用性，包装尺寸规格的统一性等。

图 3-33 中这款椅子是设计师威尼斯和斯塔比勒的作品，经过五年严格的设计而诞生。这是一种可安装、拆卸的椅子，每个部件都是一次性成型。与传统椅子相比，这款椅子优化了模具尺寸，加快了生产速度，并大大减少了浪费。椅子没有螺钉、螺栓，组装方便，各个零件的固定元件均易于制造且具有极高的抵抗力，易于存储和运输。

⊕ 图 3-33 椅子（威尼斯和斯塔比勒）

2）集成化设计

运用现代技术将相对独立的加工阶段进行整合，使产品元件集成化，生产模具精巧化。在产品概念开发、模型构建、模具设计等每个环节进行集成，最大限度地减少设计过程中的资源浪费，从产业链上整合优化，提高生产效率，节省成本。

图 3-34 为集成化产品"蓝牙鼓音响"，是根据潜艇声呐科学原理创新设计出的产品。外观融合中国传统鼓文化，内部元器件没有箱体和喇叭，使固体介质震动发音，放在不同材料表面，可产生不一样的音质视听效果。通过对外部及内部的集成化设计，使产品生产组装高效，体积小巧且携带方便。

⊕ 图 3-34 浪尖集团蓝牙鼓音响

3）绿色可持续设计

在当今绿色可持续发展理念的影响下，有关绿色可持续发展的全新观点和设计创意正在源源不断地涌现。对于资源的回收与再生利用、能源节约以及天然资源的充分利用等，在实现的方法上已经出现了轻量化、复合化、使用延长化等多种对应方式。人们的想法也由原来以物质为主导方向，逐渐朝着精神的、自然的方向转变。

材料设计师克里斯·莱夫特里制作了一种可模制的环保塑料棒，可以生物降解，如图 3-35 所示。它在热水中浸泡后变得柔韧,可以通过建模并制作成多种形状。材料一旦硬化,可以钻、锤、拧、打磨或切成一定尺寸。在质地方面,一旦冷却,会形成类似于尼龙的坚硬塑料,经久耐用。只需重新加热使其软化,便可以重复使用。

⬆ 图 3-35　环保塑料棒(克里斯·莱夫特)

4)通用化设计

通用化设计能最大限度地使产品适用于各类人群,残疾人、老龄人、疾患病人等也能够方便使用,可满足不同人群需求。通用化设计需要洞察市场,关爱用户,注重产品使用的无障碍性及简易的操作性等,还应考虑性别、地域、文化、环境等其他因素。

由法伯(Farber)在 1990 年设计的 OXO 削皮器,是为他患有关节炎的妻子设计的,符合人体工程学的特点,让设计尽可能地适用于特殊人群(图 3-36)。他还专门制作了一个左右带螺纹的橡胶握把,让产品在完成削皮功能的同时,也能充满人性关怀。直到今天,该产品在网络电商平台依然热销。

⬆ 图 3-36　削皮器(法伯)

5)文化创新设计

文化创新设计是不同地域文化人群相互交流进步的纽带,将文化创新与发展现实结合起来,守正创新。习近平总书记指出:"使中华民族最基本的文化基因与当代文化相适应、与现代社会相协调,把跨越时空、超越国界、富有永恒魅力、具有当代价值的文化精神弘扬起来。"文化创新设计是在继承中发展,在发展中继承,能够坚定文化自信,激发文化活力,增强民族凝聚力。

"春露"大漆加湿器的设计源于春秋时期饮食炊具"三足鬲",将古代食物加热与现代补水加湿进行功能置换,触控产品开关,加湿水雾从缝隙中流出,如春露滋润万物,天然大漆质地在水雾衬托下更加鲜亮润泽(图 3-37)。产品胎体为黑胡桃、3D 打印光敏树脂,表面做髹饰天然漆、红漆素髹、黑漆螺钿等工艺定制,将传统大漆工艺与现代材料加工结合,为传统文化注入新活力。民族文化基因与现代产品设计的深度融合创新,使其不仅美观实用,更具有独特的艺术性与文化价值。

6)情感体验设计

情感体验设计是从产品形态、色彩、纹样肌理、使用功能、交互体验等各个层面唤醒人们深层次的情感认同。通过对用户情感、情绪反应和体验研究,尊重用户感受,并将这些感受应用于设计策略中,提升用户使用体验,对用户情绪产生正面积极的影响,注重用户物质和精神层面的需求。

三足鬲

⬆ 图 3-37　"春露"大漆加湿器（杜妍洁）

　　图 3-38 的这款沐浴套装由韩国团队设计。整体形态圆润柔和，宛如汇聚的水滴，相互融合，阴阳相生。开关使用方圆形态，使其易于握持，与整体形态相呼应。产品打破了传统的坚硬金属淋浴套件的冰冷印象，产品看起来触感柔软，传达给使用者舒缓放松的情感体验。

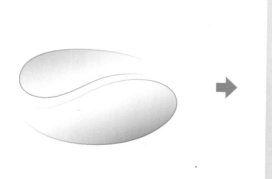

⬆ 图 3-38　沐浴套装

3．综合创新

　　综合创新方法是通过在设计方面的深入思考，对材料、环境、用途等进行新的设定更新，从而创造更多可行性方案。

　　（1）替代法。为了对主题、产品、服务等创新设计，可以通过替代设计获得新的创意。替代设计是使用某一种事物替代另一种事物的设计，需分析替代与被替代事物的共同点与差异，通过替代材料、环境、功能等更好地获得新的产品形式。

　　（2）组合法。将两种或两种以上的形式、材料、功能、部件、资源等进行重新组合，构成新的产品的创造性设计方法。巧妙的组合设计能够使设计更加有趣，富有创造性。但组合并不是随意拼凑，要注意相互组合的内容应有一定的关联性、合理性和实用性。

　　（3）转换法。这是通过拓展产品新用途提升产品价值的方法。可以进行产品功能、材料、结构、使用环境等的转换，变废为宝，寻找产品更多的利用空间以及多种用途。

（4）隐藏法。这是通过隐藏、减少、拆分、简化等方式,使产品尽可能地突出设计重点,弱化附属功能。还能够通过隐藏式设计,让复杂的产品整体形态简洁美观,使用时给人带来惊喜。

3.3.2 设计表达手段

设计表达是产品设计的展示语言,也是设计师传达设计创意的必备能力。是通过对信息的搜集、梳理和重组,将其转换为可视化的表现语言,以解决设计者、生产者、消费者之间的沟通交流问题。快题设计表达是产品创新的推敲过程,是产品生命周期的重要组成部分。通过设计表达的可视化综合运用,将精准地传达产品核心价值,能够实现良好的产品体验,提升品牌价值。表达手段分为传统手法表达和现代数字化表达两种类型。

传统手法表达（表3-1）包含:①文字、图像、表格:以手绘草图、手绘效果图、报告书、功能展示图、爆炸图、展板等形式进行的表达;②动画和视音频:以录像和录音等形式进行的表达;③实体模型:以各种材料模型、产品外观手板、产品结构手板、产品功能样机等形式进行的表达。

表 3-1　传统手法表达

表达手段	表 现 形 式
① 文字、图像、表格。	以手绘草图、手绘效果图、报告书、功能展示图、爆炸图、展板等形式进行的表达
② 动画和视音频	以录像和录音等形式进行的表达
③ 实体模型	以各种材料模型、产品外观手板、产品结构手板、产品功能样机等形式进行的表达

现代数字化表达（表3-2）包含:①交互图像:以交互式网页、多媒体、电子幻灯片、数字电影等形式进行的表达;②虚拟动画:以二维动画、三维动画、AR（增强现实）、VR（虚拟现实）、MR（混合现实）等形式进行的表达;③三维数字模型:以参数化建模形式进行的表达。

表 3-2　现代数字化表达

表达手段	表 现 形 式
① 交互图像	以交互式网页、多媒体、电子幻灯片、数字电影等形式进行的表达
② 虚拟动画	以二维动画、三维动画、AR（增强现实）、VR（虚拟现实）、MR（混合现实）等形式进行的表达
③ 三维数字模型	以参数化建模形式进行的表达

设计表达手段涵盖设计的初期、中期、后期三个阶段。设计的传达对象与目的不同,会有不同的表达差异。比如,用于自己推敲设计方案,可以使用最直观的手绘草图方式;在设计团队内部,用于交流设计经验及进行设计评价,可以使用草图以及参数化模型等;对于不同部门沟通、与客户沟通或者面对消费者时,可以使用交互图像、虚拟动画、参数化模型等表达。

设计表达的要点包括:①应主次分明,强调思维表达。将表达的信息进行主次筛选,运用手绘初步实现沟通与展示。②注重图文并茂的信息图解,将有效信息进行分类,应清晰地诠释产品的核心创意点。③注重客观事实,产品信息传达不是凭借主观意愿,而是根据客观事实,在实际研究分析的基础上创新,使表达内容具有可行性。④打破常规思维,大胆尝试新领域,创造新理念。从不同维度去思考开拓新领域,引导全新的生活方式、行为方式,并能够引发人们的深度思考。

一位优秀的设计师应该不断地学习并积累专业知识,借鉴优秀的设计作品的表达方式及思维理念。在专业上应注重培养自己的手绘和软件建模能力,锻炼自己能够将想法充分表达出来,并培养产品设计系统思维的能力。在生活、学习中,有敏锐的观察力和社会趋势洞察力,常常将所思所想记录下来,将好的理念、好的设计搜集整理归类。提升自己的眼界与审美,跨领域学习创新思维,尝试用不同的方式解决设计问题,并从中不断积累设计经验,逐渐形成解决问题的思维方式。设计表达能力是设计师的创造性语言,它不仅可以提升作品的气质与魅力,更能够通过这种创造性的表达来进一步提升思想。

思考与练习

　　1. 分析有哪些创新设计思维方法可以运用于设计研究。

　　2. 选择优秀的工业设计产品,分析其主题思想,提炼关键词,绘制产品使用情境故事板,运用思维导图分析梳理核心问题和需求,归纳产品机会点。

　　3. 观察自然界中的植物花卉形态及结构,运用仿生法来设计一款产品,产品类型不限。

第4章
快题设计教学案例

教学目的：

通过本章学习，掌握在"快题设计"课程中设计思维敏捷性的培养以及设计的流程，并且提高设计表达方式的训练效率，从而充分掌握设计方法在不同设计环境中的合理应用。

教学重点及难点：

本章教学重点是围绕发现设计需求的问题，通过分析，能够快速找到解决问题的方法。而教学难点则是学生在思维方式方面的训练，进一步强化学生对于设计问题的解决能力的培养。

教学方法：

本章教学方法主要是通过多维度的设计实践训练，了解科技与社会的现实发展，将最新的设计观念融入实践训练之中，从而拓展设计视野与设计创新。

在我们设计教学过程中，由于教学目的的不同，教学内容也会存在一些差异性。进入大学高年级开设的"快题设计"课程中，与其他设计基础课程比较，前期设计课程所做的是相对较初级一些的训练，所涉及的分析面不会太复杂，学生可以根据课程需求，首先广泛地搜集资料，拓展自己的视野，并从中找出自己的解决思路；另外，所涉及的设计因素相对简单一些，设计基础课程主要强调对设计思维的敏捷性的培养和对基本的设计方法与简单的设计流程的掌握，以及如何使用正确的方式进行表达。其涉及的对象一般为一些结构简单的创新设计（图4-1），并且是针对生活习惯而改进的创新设计，具备一定的实用价值。

然而，进入高年级的快题设计课程一般在设计思维的深度上有进一步的要求，所涉及的设计内容会更为广泛，从"衣、食、住、行"的日常生活产品设计，到对未来人类发展具有创新的概念产品；有时设计课题甚至也可以同满足市场需求的实际设计项目结合起来，或者将设计课题与国家政策、社会热点问题等相联系。图4-2是针对未来智慧出行的概念汽车的形态设计，运用对生物形态的研究，探索未来交通工具形态的创新。

这些快题设计课程所涉及的设计内容可以让同学们多维度地接触到设计实践训练，并且可以及时地跟上科技与社会的现实发展，并将最新的观念融入设计之中，拓展设计视野。

学习是一个循序渐进的过程，做设计也是一样，从刚开始学习如何做设计，到深入一定程度后的再次设计，即便是做同样的课题设计，但随着设计者思考的层面、视野的拓展，以及对事物理解的深入，都会对设计的结果产生直接的影响。因此，设计的过程往往会比结果更重要。图4-3的手绘产品主要是针对产品结构进行分析与推敲。

🔱 图 4-1　薯片包装的创新设计（詹素悦）

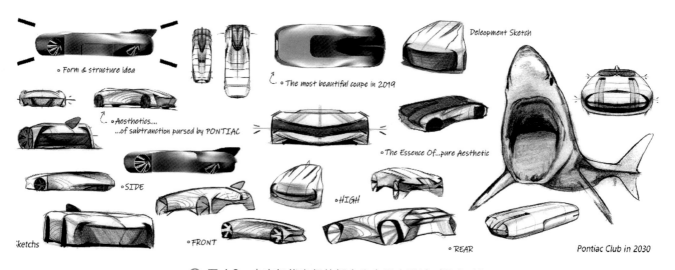

🔱 图 4-2　未来智能出行的概念汽车形态设计（梁伟沣）

　　在经过大学一、二年级理论与设计基础类课程的学习之后，大家应该对设计的程序与方法已经有了一个基本的认识。快题设计课程的训练目的是让学生进一步熟悉设计的流程，包括前面在课程讲解中所提到的资料搜集、概念构思、草图方案、结构分析、设计表达、定稿排版、模型制作等。如图 4-4 所示的早期故事板可用于设计的前期分析，可以体现对生活的观察效果，从而为后期创作打好基础。

⊕ 图 4-3　咖啡机手绘效果（文可伊）

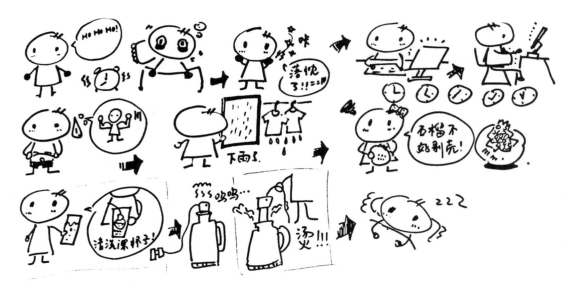

⊕ 图 4-4　前期故事板分析（陈少伟）

　　快题设计课程教学内容一般包括讲述快速设计的实际意义、准备条件、思维方式和设计技巧几个方面，并通过若干快题训练来提高学生的快速设计能力。在设计思路上，将更加强调设计的原创性、新颖性和独特性。进入分析与思维阶段后，故事板的分析更加具体化，并强调其独特作用（图 4-5）。

　　快题设计课程教学环节的设定一般包括课题介绍、课题分析、课题安排、设计辅导与设计点评等几个教学环节，每个教学环节都与设计流程相关联。

　　设计教学环节中，首先需要进行设计课题介绍，其中包括课题名、课题内容、课题重点等部分的内容。

　　而进入课题分析教学环节后，则是一个引导大家熟悉快题设计思考内容和过程的环节，它对于学习设计过程，特别是对于设计思维过程有很大的帮助。

　　在围绕课题进行研究分析的过程中要学会如何发现问题。同学们通过一定的分析，能够快速找到一种解决问题的方法。这个环节侧重学生在思维方式方面的训练，进一步强化学生对于相对复杂设计问题的解决能力。在整合学生所学知识的同时，也可以通过老师引导，培养学生"发现问题与分析问题"的能力，提高同学们学习设计的兴趣（图 4-6），通过发现生活中的问题，找到具有趣味性的解决方法。

⬆ 图 4-5　定向思维故事板分析（陈少伟）

钥匙飞镖

利用人的思维联想作用，当人们看到飞镖就会想到靶盘。将飞镖和靶盘变为磁性材料，利用磁力把系有"飞镖"的钥匙吸在靶子上，不仅增加了乐趣，而且能收纳钥匙，非常适合那些容易随手放钥匙而找不到的人们。

⬆ 图 4-6　钥匙飞镖设计（陈少伟）

我们可以发现，近年来得到广泛运用的计算机辅助工业设计，虽然能帮助设计者很快地看到最终产品的效果，但对它的过度依赖，也使目前许多同学脑手分离，特别是在设计构思环节中不能很好地运用设计语言表达思想。

在快题设计教学过程中，通常情况下，同学们可能只用文字和口述的方式与教师或企业交流，设计思维表述不清晰，使设计的原创性大打折扣。因此，在不同的设计阶段，选择正确的设计表现手段，使原创的设计构思与设计效果同步地表达出来，是这个阶段的同学们需要熟练掌握的重要内容之一（图 4-7 和图 4-8），是针对智能化产品在生活中的应用初探，还是针对生活中人们对生态概念产品的需求而创作的。

图 4-7　智能花盆设计（李光钟）

图 4-8　智能花盆设计分析（李光钟）

下面通过一些课题实例的介绍，让同学们可以更明确地了解快题设计课程学习中应该掌握的一些技巧，并且通过案例分析，让同学们更加熟悉整个设计流程，以便在今后的快题设计学习中能够对大家有所帮助。

4.1　快题设计综合表现案例

1．分析问题

本案例的课题命题为"解决生活中的问题"（图 4-9 ～图 4-13），课题的研究内容是需要同学们发现在生活中遇到的各种问题，并利用自己的亲身经历举例说明。

从案例的命题来看，其中包含内容丰富多彩。"问题"与"设计"的关系在设计领域是一个永恒的话题，如何解决好二者之间的关系，一直是工业设计师们津津乐道的话题。

古今中外的设计作品，无论是东方古典的明式圈椅，还是西方现代的巴塞罗那椅，都凝聚着设计者对问题的深入思考和探索。他们思考问题，并巧妙地通过设计来解答，为后人研究设计、解决问题提供了有力借鉴。作为设计师，研究好"问题"与"设计"的关系，对我们设计具有切实的指导意义。

思维是从问题开始的，有问题才有思考，有思考才有进行创造性活动的可能，所以说，问题是创造力的源泉。爱因斯坦曾经说过："提出一个问题往往比解决一个问题更为重要。"

发现问题、提出问题是有效开发创新思维潜能的重要途径。一个好的设计，能对人们的生活起到推波助澜的作用。好的设计作品，虽然美感必不可少，但是最重要的还是以人为本，满足人们的生活需求，并解决人们在现实生活中遇到的实际问题。

作为一名设计者，要有一双善于发现问题的眼睛，并能通过不同的表现形式记录下来，该案例利用情景故事板法，将自己在生活中所遇到的各种问题进行收集，然后用文字进行描述，并转化为视觉化的形式表现出来。

问题：① 带螺纹的水杯盖子里面的脏东西不容易清理干净？

　　　　② 一次性盒装方便面吃完并扔垃圾桶后，里面的汤汁变质招蚊虫？

⊕ 图 4-9　生活故事板 1（胡亚俊）

问题：① 做饭时米和水的比例不好掌握？

　　　　② 滚烫的汤碗容易烫着手？

　　　　③ 家里吃饭的筷子放在桌上不卫生？放在碗上又有忌讳？

⊕ 图 4-10　生活故事板 2（胡亚俊）

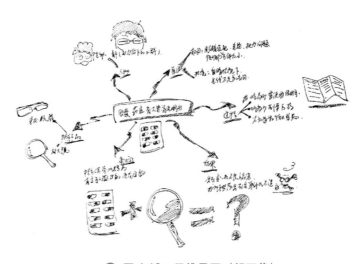

问题：① 老年人在读报时嫌字迹太小不方便阅读？

② 看书睡着后蜡烛还点着怎么办？

⊕ 图 4-11　生活故事板 3（胡亚俊）

问题总结

问题：① 带螺纹的水杯盖子里面的脏东西不容易清理干净？

② 一次性盒装方便面吃完并扔垃圾桶后，里面的汤汁变质招蚊虫？

③ 做饭时米和水的比例不好掌握？

④ 滚烫的汤碗容易烫着手？

⑤ 家里吃饭的筷子放在桌上不卫生？放在碗上又有忌讳？

⑥ 洗漱时牙膏容易挤多？不容易粘在牙刷上？

⑦ 卷筒卫生纸容易多拉出来不好收回去？

⑧ 照镜子时镜子太暗看不清楚？

⑨ 插座太低不容易找到插孔？

⑩ 吃泡面时汤汁容易溅出来？

⑪ 老年人在读报时嫌字迹太小不方便阅读？

⑫ 看书睡着后蜡烛还点着怎么办？

⊕ 图 4-12　寻找生活中的问题（胡亚俊）

思维导图

⊕ 图 4-13　思维导图（胡亚俊）

发现问题的同时,一定要结合问题所处的环境进行思考,仅仅从问题本身进行分析,有的时候很难看到问题的全貌,所以应该要从"大场景"分析,层层筛选,就能很好地找出问题的根源所在。

当我们到达分析问题层面,需要我们做到真正地分析和理解自己所提到的问题:"问题在哪里发生,在哪里结束?"还可以利用我们前面章节所讲过的使用情景看板与发散思维导图的方式表现思维过程。

通过前期设计基础课程,同学们应该了解了产品设计包括两个方面:其一是功能的层面,即结构对于消费者"需求"方面的满足;其二是情感的层面,即色彩、造型、人机这些对于消费者心理和身份标识等"渴求"方面的满足。

2．解决问题

本设计案例就是通过对问题的分析与筛选,发现对于老年人关爱的缺失,特别是对于老年人服药过程中发生的问题,现有产品并没有把此类人群需求放到设计生产过程中(图 4-14～图 4-17)。

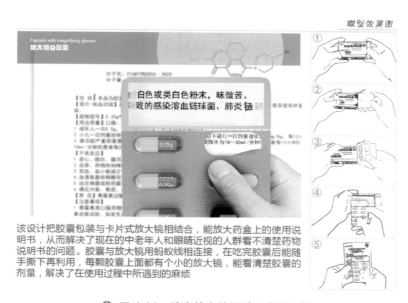

⊕ 图 4-14　胶囊放大镜设计 1(胡亚俊)

⊕ 图 4-15　胶囊放大镜设计 2(胡亚俊)

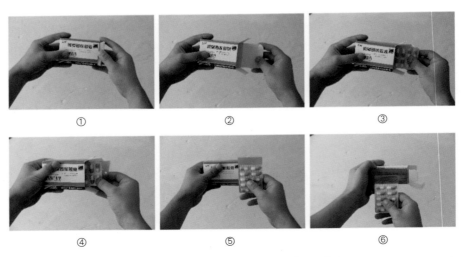

①   ②   ③
④   ⑤   ⑥

🔼 图 4-16   胶囊放大镜设计 3（胡亚俊）

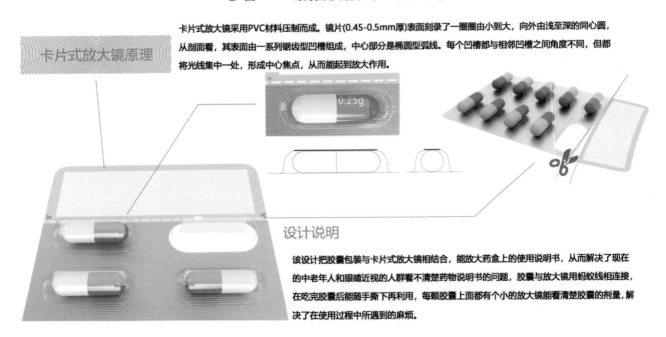

卡片式放大镜采用PVC材料压制而成。镜片(0.45-0.5mm厚)表面刻录了一圈圈由小到大，向外由浅至深的同心圆，从剖面看，其表面由一系列锯齿型凹槽组成，中心部分是椭圆型弧线。每个凹槽都与相邻凹槽之间角度不同，但都将光线集中一处，形成中心焦点，从而能起到放大作用。

设计说明

该设计把胶囊包装与卡片式放大镜相结合，能放大药盒上的使用说明书，从而解决了现在的中老年人和眼睛近视的人群看不清楚药物说明书的问题，胶囊与放大镜用蚂蚁线相连接，在吃完胶囊后能随手撕下再利用，每颗胶囊上面都有个小的放大镜能看清楚胶囊的剂量，解决了在使用过程中所遇到的麻烦。

🔼 图 4-17   胶囊放大镜设计 4（胡亚俊）

该设计巧妙地利用了材料上的特性，使胶囊包装材料与卡片式放大镜材料相结合，能放大药盒上的文字，从而解决了现在的中老年人和眼睛近视的人群看不清楚药物说明书的问题。

胶囊与卡片放大镜采用蚂蚁线方式连接，在吃完胶囊后能随手撕下放大镜并再利用。用放大镜能看清楚胶囊的剂量，方便了消费者的使用。

通过本案例问题的发现再到问题的分析，最后到问题的解决，同学们应该看到本案例的亮点。

现代产品设计不仅是只为普通人群而设计，更重要的是要考虑到特殊群体，比如对老年人的关爱与帮助，因为他们更需要得到社会的帮助，而我们就是提供帮助的人，这就是设计的意义。

好的设计既符合功能需要，又符合使用者心理需求；好的设计也需要让设计师对材料与工艺的应用有充分的了解；好的设计能让需要它的人们在使用过程中获得一种积极乐观的情感。

通过本案例可以看出，"问题"与"设计"的关系就像一枚硬币的两面一样不可分割。问题是设计的基础，为设计提供源泉与素材；而设计程序就是寻找问题答案的过程，为问题提供解决方法，创造出符合人们生理、心理需求的产品。因此，问题与设计是相互依存、相互促进的，两者的结合点是创新，立足点是以人为本，目的则是创造出更加美好的生活方式。

4.2 快题设计分类设计案例

创意产业追求的是以文化打造"品牌"，从而营造出产品的差异化特征，在市场竞争中建立消费者对于品牌的忠诚度。它扮演的是产业规划与企业创新的中间角色，并以创新设计为核心，融合产品、服务、策略，以现代科技及企业化经营模式，促使创意作品得以产业化与经济化。

创意产业是文化艺术创作和商品生产相结合的产物。其中，文化创意商品设计是文化创意产业的一个重要组成部分，强调当代知识经济的创新能力，文化艺术对经济有较大的支持与推动作用。

基于创意商品具有的文化特性，我们在"快题设计"课程中开始进行相关课题选择时，便提出了一些有针对性的问题以引起同学们的思考。例如：中国的文化特色表现在哪几个方面？你对哪个方面感兴趣？哪些传统文化元素可以与当代生活用品相结合？现有的优秀文化创意商品有哪些？分析其中现代与传统文化的比重以及文化特征是什么等，从而让同学们带着问题找出自己的设计定位。

在教学过程中，以创意文化商品为主题设计的流程是：从文化调研、文化符号提炼，到设计概念的延伸分析，运用具体案例分析、市场调研、问卷总结、方案设计、确定方案、成果展示、学生作品互评等多种教学手段，并将大量的设计原理、设计分类、数据统计以及商业行销理念等理论贯穿于设计实践中。从而萃取文化元素，提取生活价值，创造出能符合并引领现代生活的各式创意文化商品。

提取出文化元素以及成功地转换成商品，前期需要设计策划，这是整个设计过程的关键，也是本课程的特色所在。这里强调的是商品设计，重点是巧妙地将文化元素设计概念转换到商品设计中去。

1．创意与设计的四个阶段

第一阶段：组成跨领域设计团队。

强调一个设计团队的重要性。要求两至三人一组，其中至少一人有一定跨专业学科方面的专业特长；强调团队协同作业，充分利用每个成员的特长，实现优势和资源互补，优化分工合作，提高工作效率。针对文化创意商品设计课题，给大家提出了一些有针对性的问题，引导大家去思考，去收集资料与分析。

第二阶段：萃取文化元素并确定文化商品设计主题。

每个小组召开讨论，头脑风暴会议，制订作业计划并找到感兴趣的中国文化元素，拟出设计主题。从市场调研、资料收集中提炼出可以应用到商品设计中的文化元素关键词是找到创意的切入点。分析文化元素及文化产品资料，根据萃取出的文化元素，将通过关联法巧妙地转换应用到商品设计中，是整个设计过程的主线。

第三阶段：文化产品创意与设计。

同学们将概念构思落实到设计草图中，运用具体的形态语言呈现设计思维；具体分析产品的功能、文化内涵、形态、语意、人机等因素，并通过文案、计划书、展板、验证模型等方式呈现具体的设计方案。

第四阶段：成果展示评估。

课程的最后阶段就是一个综合性的成果展示活动，拟建立一个设计师与观者的交流通道；营造一种商品设计与市场消费的评估环境，由消费者来评估其设计理念是否成功。艺术行销与管理和服务设计课程。很多成功的产品公司不单单是销售产品,也包含了后续的服务内容。比如说苹果公司,出售的不单单是个人通信终端或播放器产品本身,更希望其是作为一种服务终端产品推广网络音乐服务平台来扩大企业的营销市场,从而创造更大的价值。

2. 案例分析

下面我们将列举出几个优秀的关于文化创意实践案例进行分析。

1)校园文化建设案例

高校校园文化建设举例的创意过程如图4-18～图4-22所示。例如:针对高校的文化产品设计,思考哪些"关键词"可以代表学校的精神?负责文史类的小组成员可以收集有关学校成立及变迁的历史、故事,以及具有历史意义的相关图片资料等,并研究今天的学校文化精神是什么?期望未来将会怎样等。所涉及的产品可以是一些可以承载文化内涵的学习和生活用品、纪念礼品、公共设施等。

创意构思

中华文化博大精深,文字更是一种文化的象征。甲骨文是商朝(约公元前17世纪—公元前11世纪)的文化产物,距今约3600多年的历史。商代统治者迷信鬼神,其行事以前往往用龟甲兽骨占卜吉凶,以后又在甲骨上刻记所占事项及事后应验的卜辞或有关记事,其文字称甲骨文。甲骨文记载的是后来被称为汉字的中国汉朝隶书文字的渊源。

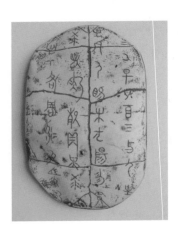

⊕ 图4-18 湖北美术学院90周年礼品设计1(刘宁吉)

抽象派、现代解构主义与古老的中国文字甲骨文有异曲同工之妙,在毕加索抽象画中得到的立体主义思维与甲骨文的形式美感结合起来,从中获得造型纹饰的突破。

⊕ 图4-19 湖北美术学院90周年礼品设计2(刘宁吉)

文字演变过程

象形文字

演变过程

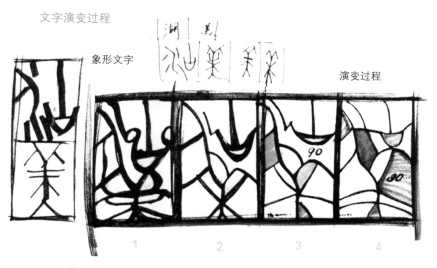

⊕ 图 4-20　湖北美术学院 90 周年礼品设计 3（刘宁吉）

最终产品形态草图

⊕ 图 4-21　湖北美术学院 90 周年礼品设计 4（刘宁吉）

进一步深入设计

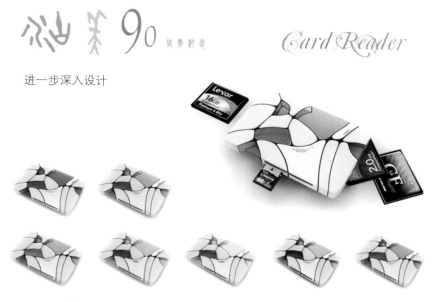

⊕ 图 4-22　湖北美术学院 90 周年礼品设计 5（刘宁吉）

传统高校文创的发展渐渐进入了一种模式化,即停留在明信片、书签、帆布袋、文化衫等几类固定的产品上,缺乏创新,与逐渐多元化的大众感官与审美相比已经远远脱节。

对于高校文化创意产品来说,创意是无限的,最重要的还是要挖掘自身的特色文化,并以此为核心,采用发散思维,与不同的元素,如当地的文化、独特的材质、新的媒介等相结合,就一定可以创造出独一无二的文化创意产品。创意不是设计者的灵光一现,而应该基于大量的实践调研和对文化的深刻理解与挖掘,再结合巧妙的构思,这样才能设计出优秀的文化创意产品。

校园文创产品的主要受众群体大部分为 18 ~ 25 岁的高校大学生。作为年轻一代,他们见证了国家与社会的高速发展,也注定了大部分同学有着与前辈截然不同的物质需求视野。年轻大学生的消费需求特点主要有:①崇尚多元的消费理念,一个人可能秉持多种消费观;②资讯大多来自互联网,同时热衷于网购;③追求产品质感,较难接受实用主义;④追求产品个性化;⑤不满足产品仅仅停留在表面功夫,而追求文化内涵。从调查来看,校园文创的消费群体对新兴产品的偏好和期待值不低,有利于文创产品转型升级。消费者购买校园文创产品主要用于个人留念,其次才是赠送亲友和自己使用。这说明大部分人购买产品看中的是其所承载的内涵和价值,也就是说,更加注重校园文化元素的再运用和文化价值的新体现。

校园文创产品因为其独特的文化内涵,有工业化批量生产的商品所不具备的仪式感和形式感,让其突兀地融入大众的生活,可能会有一些隔阂。而要打破这个壁垒,唯有一种方法,就是用绝佳的创意设计出既美观又实用且兼具个性化的文创产品,这一定是独一无二的,并且是消费者所需要的文创产品。

在"快题设计"课堂上,我们让同学们找出最适合的文化代表元素和能够承载学校文化相关产品的种类,找到其中的交汇点并有机地进行整合设计,通过调研分析,这些案例从具有趣味性到实用性,从对传统的挖掘到现代多元化展现,都代表着同学们对校园文化建设的理解与表达。

这些品类众多的校园文化创意产品案例虽说都是以手绘的表现形式展现,但在"快题设计"课程中形成了一道独特的风景,利用传统的表现技法,使同学们在"手头功夫"上得以提升,而且通过对校园文化的研究,通过反哺使同学们融入校园的生活和学习之中,更可借此体现学校的文化和思想,足见校园文创产品的重要作用。

2)戏曲脸谱研究案例

本案例通过对中国传统戏曲文化脸谱的研究,从而开发设计出美容面膜(图 4-23 ~ 图 4-25)。

✿ 图 4-23 脸谱面膜设计 1(谢丽君、刘虹雅、陈禹瑾)

🔆 图 4-24 脸谱面膜设计 2（谢丽君、刘虹雅、陈禹瑾）

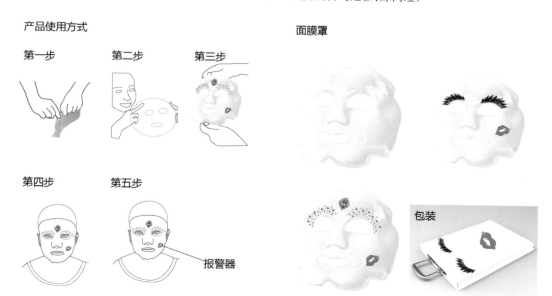

🔆 图 4-25 脸谱面膜设计 3（谢丽君、刘虹雅、陈禹瑾）

　　该设计灵感来源于作为中国国粹的"戏曲脸谱"的艺术表现形式，"戏曲脸谱"的发展历程饱含着我们中华民族的艺术创造激情。但在当代各种新潮流文化的冲击下，它却越来越淡出年轻一代的生活。设计者希望将传统文化元素与现代设计相结合，取其"形"，延其"意"，传其"神"，精心设计一款针对青年人的实用的生活用品，让他们了解并感受到传统戏曲文化精髓的情感价值，同时也可以得到实用的使用价值，让戏曲文化走进生活，融入生活，从而实现传统文化的传承作用。

　　通过联想关联法，将戏曲脸谱与美容面膜结合起来，诞生出新的文化商品。

　　经过实际调研，发现人们往往在敷上面膜之后不方便出门。而这件作品就将楚剧中的脸谱艺术元素融入其中，以面具的表现形式来解决这个令人尴尬的问题，同时又极具文化的气息。

设计者首先对戏曲脸谱的不同人物个性特征表现形式做了全面深入的实际调研和整理,总结出脸谱和面膜之间的异曲同工之处,并对现代面膜产品的实际使用缺陷做了改良设计:可以让使用者在敷面膜时做其他事情,而不用保持半仰头部的姿势;挂在耳朵上的提醒装置只用按一下开关键就会自动倒计时 15 分钟,数字归零时会发出嘀嘀的声音,提醒人们该取下面膜,以免因敷面时间过长而让面膜反向吸收脸上的水分;使用者敷上面膜后可以随意活动,不用担心别人看见自己时出现异样的眼神。

3)中国传统文化用品研究案例

中国传统文化用品除了我们熟知的"文房四宝"之外,还包括很多辅助文具,如笔筒、笔架、笔洗、镇纸等,其所用材料有玉、石、竹、木等多种天然材料。因其造型各异,雕琢精妙,可用可赏,故又称作"文玩"(图 4-26 ～图 4-28)。

✿ 图 4-26　书写笔设计 1（陈陆剑 吴宇屏）

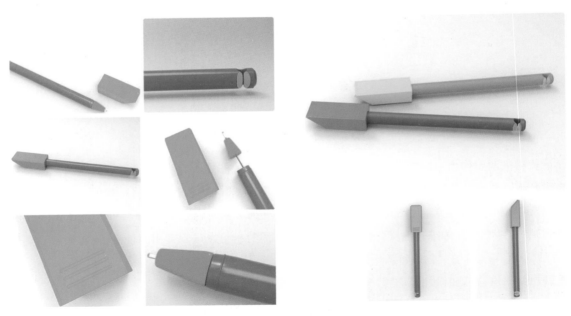

✿ 图 4-27　书写笔设计 2（陈陆剑 吴宇屏）

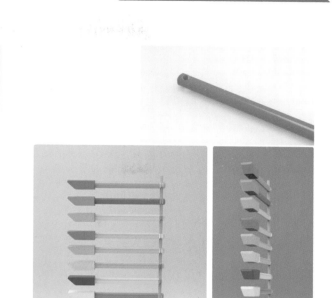

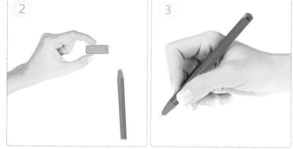

在诸多历史典故和文学作品中,就有对"笔"重要作用性的肯定,如班超"投笔从戎"传为千古佳话,李白"梦笔生花"成就一代"寺仙",鲁迅先生对旧社会进行"口诛笔伐"。从这些典故与文学作品中不难看出,"笔"与人类文明的发展是息息相关的。

这款与"笔"有关的设计就是依据其丰富的文化内涵来设计一款笔的放置方式,不仅能切实有效地解决一些实际问题,更能增添一些生活乐趣。

"笔"是我们日常生活中最常见的必需品。但是还存在一些收纳和放置的问题:①存放位置不明确,工作环境的杂乱导致无法在短时间里找到笔的准确位置;②圆柱形的造型使其掉落概率大增,丢失情况常常发生;③掉落地面的笔,在拾起时因为外形的关系,大多较为费劲;④现有各种笔的产品造型、材质、色彩等,与笔架在外观设计上有着明显的不统一性。

在创新构想方面,设计者提出了新的解决方案,比如笔帽的重心设计让其在掉落时只会出现固定的一个面接触到地面前端突出处,运用了"跷跷板"原理,方便人们拾起笔帽,与手接触的面积可达到防滑的效果;笔的末端采用了记忆性材料设计,除了能固定笔身位置外,也方便从侧面取出、放回与旋转,既能达到收纳功能的效果,同时又具有可供人摆弄的小乐趣。

快题设计课程中的文化创意商品设计是文化艺术创意和商品生产的产业结合。它在完成功能的基础上,更加注重提升产品的人文价值和情感需求,使产品的功能、形式、语意等因素与文化完美地结合,从而唤起人们的美好情感。如中国的传统剪纸艺术体现了民间特有的文化观念和特点,其质朴、简约、纯真清新的造型符号语言被广泛地应用到现代设计之中。

文化创意商品设计正是相对于现代设计过分强调产品的机能导向和科技日新月异等背景下产生的,它强调的是基于文化传承的多种因素进行重构、整合,以便创造出更加令人满意的商品。通过文化创意商品的设计与开发,还可以带动文化创意产业经济的发展。虽然目前文化创意产业在我国还处于初始发展阶段,但市场前景十分广阔。文化创意产业不仅能够促进社会机制的改革创新,促成不同行业、不同专业领域的重组与合作,还能在寻找新的经济增长点中推动文化与经济的共同发展。

4.3　快速表达实践案例

现在我们将以"快题设计与表达"实践过程案例为基础,向大家分析在高校研究生入学考试或参加企业及设计机构笔试中的实践经验与分析。相信通过这些实践案例的讲解,各位同学会进一步了解在大学高年级如何面对高校研究生入学考试,以及在求职过程中遇到的企业设计人员或设计机构笔试测试。

首先我们来探讨一下研究生入学考试应试训练。面对研究生入学考试,大多数高校都侧重于对同学们综合能力的考查,主要包括学生对于人机间的相互协调、功能组织、空间组合、形态塑造、相关技术性问题的解决能力,以及同学们设计表达的能力。

目前国内的研究生入学考试大都是要求同学们在规定的时间以内,在有限的纸张画面上(一般为A0的纸张),完成一件带有具体命题的快题设计方案。其内容包括设计分析、灵感来源、设计草图、结构分析、方案表达与设计说明(图4-29)。

⊕ 图4-29　皮卡车造型手绘效果(孟野)

由于应试设计时间较紧,同学们不可能像平时的课程学习中将设计完成得那么完善,因此,应试者对于设计命题的快速理解反应和综合表现能力就成为考核的重点。

要在数小时的快题设计考试时间里发挥出自己的水平,做出精彩的设计,取得好成绩,需要长期坚持训练才能打下坚实的基础,并在考前做好针对性的训练。

快题设计的应试训练也因此被分为设计思维和设计表现技法的训练。应试训练按时间安排分为前期训练和冲刺阶段的实战训练。

4.3.1　前期训练备考阶段

艺术修养是靠潜移默化培养的,技巧是靠日久年深训练的。前期训练包括设计修养的培养和表现技能的练习。

首先,如果要有好的想法,做出好的设计方案,良好的设计修养是基础。而修养的培养重在积累,平日要多观察,多构思。多渠道地看书或看好的设计,丰富自己的知识储备。

对于一个设计,应该从三个角度去看:第一是旁观者如何评价这个设计;第二是设计者要领会设计里面蕴含的想法以及如何表现设计意图;第三是自己看过别人的设计后还应该思考,如果换作自己,应该如何去构思、去表现、去完善这个设计。

平日多学习和研究优秀的设计作品,并且养成动手记录的习惯,将所看到的好的设计以及自己的收获统一记录下来,这将会为自己构建一份很好的设计心得 (图 4-30)。

🔆 图 4-30　90 周年校庆纪念品——杯托(吴昊)

另外,加强设计理论水平能力的培养,应多看一些设计理论方面的书籍,结合看过的设计作品去体会设计理论及理念。进而用理论引导实践,并加深对设计的理解。"学而时习之""温故而知新",多总结,才能不断积累。

宽广的知识面和深厚的设计素养是设计师创造力的平台。在平日,应该广泛关注社会、人文、科技各方面,积累的素材多了,做起设计来自然就有无穷的想象力。

其次,快题设计前期的技法训练包括手绘基本的线条训练、产品速写、快速草图表现以及马克笔、彩铅等多种工具的使用,这些是快速表现的基本技能,需要长期坚持练习才能见到成效 (图 4-31)。

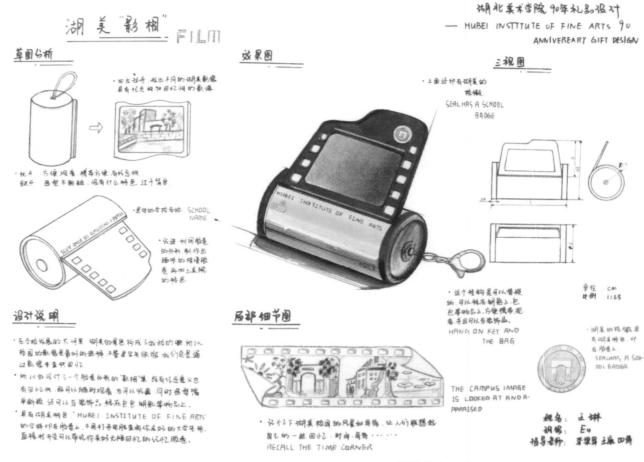

⊕ 图4-31 90周年校庆纪念品——湖美"影相"(王琳)

　　同学们可以从先练习线条及画单线稿的草图开始,一定要注意透视和比例的准确性。练习的时候要注意线条的肯定和流畅性,待线稿画得熟练后,再练习使用工具给画面上色,马克笔和彩铅是最常用的上色工具,一定要熟练掌握(图4-32)。

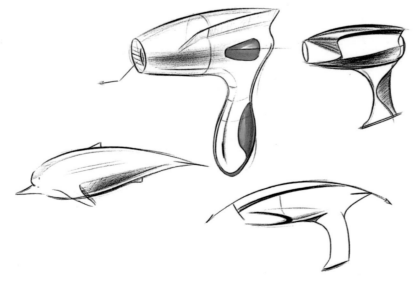

⊕ 图4-32 吹风机手绘效果(文可伊)

在草图练习的开始阶段,可以找些画得比较好的范例,以临摹为主。但是,每临摹一段时间,都要找老师或手绘基础较强的朋友批评指点,进步才会比较快。

平日除了做基本技能的训练以外,每隔一段时间一定要主动地去做些原创设计,也就是方案设计训练,这样可以使往常的积累和练习的技能得到更好的发挥。

这一阶段的方案训练学习时间可以放得长一些,可以强调做得细致些,想得深入些。方案训练完成后,绘制产品效果图时,也可以将时间控制得长一点,可以一边绘制效果图,一边研究表现技法,这样在设计方案的构思及表现上都会有所提高。

在培养思维的创新能力和快速表达能力的训练方面,平日做设计训练时要有意识地去创新,而不只是仅限于追求表现技法的运用。创新设计中,设计者应该大胆地去联想,迅速将自己思维灵感的来源记录下来,并在最终方案的表现中清晰地表达出来。

对于各种形态,需要设计者有意识去记录积累,并且可以在记录的过程中做进一步发散,构想自己的形态研究过程。对最新技术和前沿科学应该多了解积累,宽广的知识面是创新思维和出色想象的基础。不管是造型还是功能或者理念上的创新,都是一个应试高分的加分点。

4.3.2　冲刺训练阶段

在准备应试的最后阶段里,要有针对性地进行模拟快题设计及方案设计的训练。这个训练阶段的时间一般为两个月,在这两个月内,要以模拟考试为主。

1．方案的准备

根据所报考高校研究生考试命题的特点,需要同学们有针对性地准备,可以查阅往年该高校试题,了解并分析所报考院校的命题特点。

一般在考研命题形式上有以下几点特征。

(1) 有针对性的产品设计命题。这类命题要求设计某一种产品,其设计目标不限;或者要求针对某一目标进行指定产品的设计。

(2) 抽象性产品设计命题。这类命题是给应试同学抽象性文字表述命题或者抽象主题进行设计,不限设计何种产品,该命题考验的是同学们的应试综合分析能力。

(3) 指定性产品设计命题。这类命题的范围其实不会太大,通常都是同学们相对比较熟悉且接触比较多的产品,如消费电子类、家电类、小型交通工具类、中小型工具和器械类。过于复杂的设计(如整车设计类),或工作量太小的设计(如小商品类设计),或选题太偏、同学们接触很少的(如大型工程器械或机械工程类),一般都不会在研究生考试命题范围内。

面对各种可能考到的产品类型都要做好充分准备,并且收集充足的资料,做深入的了解,要了解该类型产品的现状,包括存在的问题和不足,以及发展的前景;了解该类产品的材料、结构、工艺、功能以及人机交互等各方面的特征;还要了解该类产品好的设计及最新、最前沿的设计(图 4-33)。

(4) 抽象命题。该类命题主要考查学生的设计素养和思维能力以及应试的综合分析能力。相对于其他命题,该类命题难度更大一些。对这种命题形式的准备,需要同学们多看一些抽象命题设计的案例,多思考其设计方式,同时也可以先借鉴别人的设计思路,拓展自己的思维。当然在我们前期的设计训练中,就应该多去做一些抽象命题的设计。具备了一定的设计思维的积累,再加上一定的指定性训练,面对这种命题形式也就不会惧怕了。

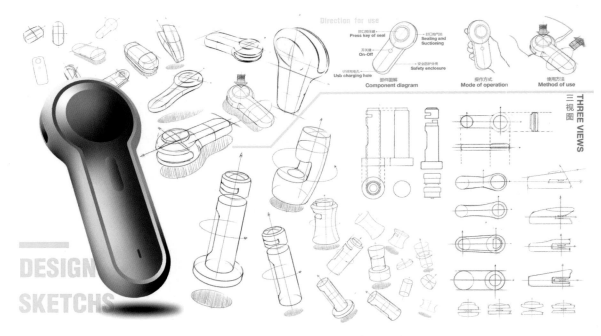

图 4-33　封口机手绘效果（文可伊）

2．方案的训练

对最可能考到的命题类型一定要做模拟考试训练。冲刺阶段的模拟训练重在训练速度与时间上的把控，应达到在较短的考试时间内可以高速思维及快速表现的综合设计能力。

模拟考试的题目可以自己根据考试要求，以可能考到的命题来模拟考研的快题。另外，与其他应试类型一样，做历年真题是必不可少的。考研快题设计是很好的模拟专题训练，也可以去做所报考院校近几年来的所有考研题目，通过这样的专题训练可以体会到真题的命题特征。

每次模拟训练都要在规定时间（通常是6小时）内，按照考试要求完整地将快题设计模拟试卷做下来。一定要按照规定时间来做，卡住时间，严格要求并提高绘图速度。

冲刺阶段的模拟训练重在训练速度，这是保证应试考试按时完成的基础。每做一次快题设计模拟考试，同学们应该有意识地记录一下自己花在每一个步骤上的时间，看自己在哪些方面花的时间过多，以便下次更合理地分配时间。多训练几次，时间上的把握就会更好，才会在最后的考研考试中取得好的成绩。

3．模拟训练频度的把控

有的同学表现技法较为薄弱，建议一周练习一次比较合适。表现技法比较熟练的同学，可以尝试一周练三次左右。如果练得太频繁，设计者会感到疲惫。同样，每次做完模拟训练，都需要找老师或能力较强的同学指教和点评，积累一段时间再练一次，每次都要总结并能学到新东西。

4．应试技巧分析

（1）时间分配：首先要保证最终效果图的精彩和内容完整，万一构思过程中没有满意的构思和想法，也要坚决继续做下去，不要过多停留在构思阶段，毕竟在没法做精彩内容的情况下，做出完整的内容也是十分重要的。

（2）先主后次：在要求有几组方案的时候，优先把主打的方案做完整，再去做其他方案，而不要试图把几组方案都做出来之后再去深化主打方案，毕竟主打方案是最重要的。要在有限时间内先把主打方案的效果图、三视图、细节图等内容做完，这样心理压力也会减轻许多（图4-34）。

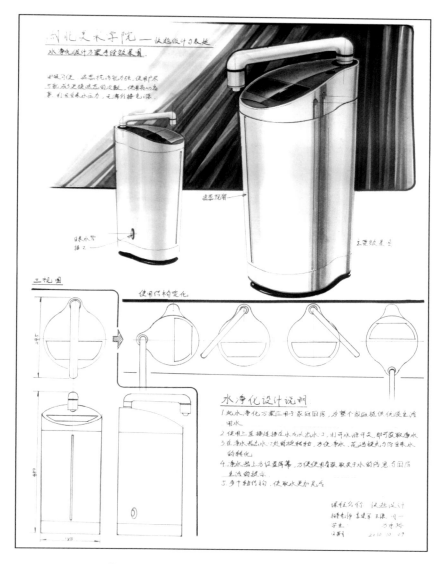

图 4-34　家用饮水器手绘效果（万东琴）

　　（3）版面表达的个性：图面效果很重要（图 4-35）。图面效果的好坏直接关系到老师的第一印象。写标题时不要写自己的狂草，最好学学那些一笔一画、规规矩矩的字体，可以用铅笔打好格并写在格里，字最大不超过 4 平方厘米，大则笨，小则巧。写设计说明时也要注意字迹工整，同画面相协调，不要写得太密集，不能夺了效果图的主体地位。

　　（4）工具的选择：考试对工具不做限制，一般根据自己的喜好和习惯来选择自己熟练的工具。在效果图上色时，马克笔较快，也较易出效果。当然如果有功底，选用彩铅之类也可以。对于色彩和马克笔功底比较弱的同学，建议多用灰色系，浅灰到黑的各个层次都要有。

4.3.3　求职笔试测试的应对

　　求职时的应试设计，相对于研究生的手绘测试较为简单，一般设计机构与用人单位都更看重个人的设计能力，判断个人是否能在将来为公司或企业带来效益。求职者可事先了解用人单位的企业文化和主要的风格，有针对性地引出自己的设计概念，在设计思维的表达上应突出公司或企业需求的解决方案。

图 4-35　快题设计试题手绘效果（刘心宇）

　　在效果表现方面，一般公司不做太高要求，大部分公司会考查一些快速表现的设计基本能力，如三视图的表现、思维导图的表现等，虽然与我们想象的应试环境不同，但作为设计者求职应试，需要在表现基本结构与比例关系时都要表达清楚（图 4-36 ～图 4-39）。

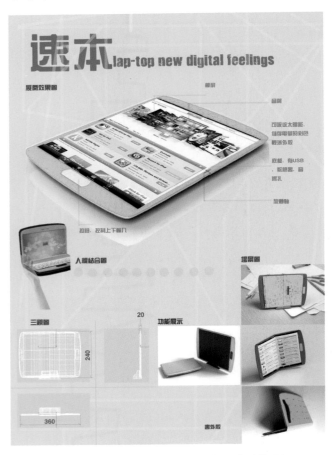

图 4-36　"速本"概念笔记本设计（蒋晨）

图 4-37　家用饮水器设计（万东琴）

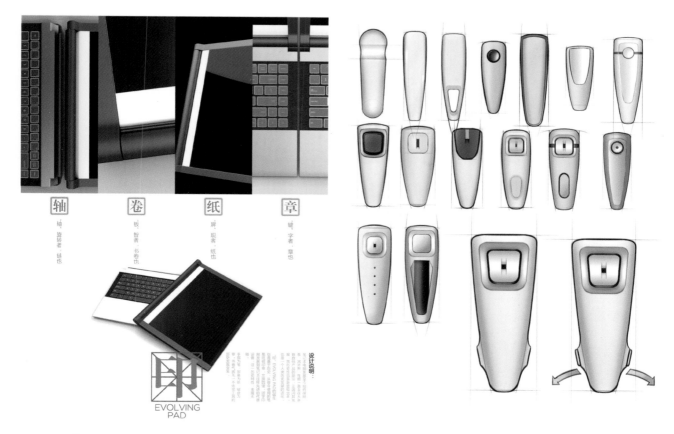

🔱 图 4-38　概念笔记本设计（施恩璟）　　　　🔱 图 4-39　机械钥匙设计（郭珏）

　　实际上用人单位很少会在设计人员面试时给应聘者动辄几个小时的时间做设计方案。但为了从众多应聘者中脱颖而出，好的想法与创意才是关键。所以在具体创作过程中，应将企业文化、产品语意、功能实现、产品人机等方面因素考虑全面。

思考与练习

1. 在设计过程中，如何通过发现问题的本质，并通过分析达到解决问题的效果？
2. 在应试环境中，最关键的设计部分是什么？应如何把控？

第 5 章
实践案例应用研究

学习目的：

通过实际的设计案例，了解怎样将做快题设计的方法运用到市场实战中去。

教学重点与难点重点：

重点：快题设计表现图和产品效果图之间存在着一定的共性，同时也具有一定的差异性，需要重点了解并熟知。

难点：掌握快题设计的学习规律与方法。

教学方法：

由于设计的对象和目的不同，设计者在做设计时考虑的侧重点也会有所偏向。如果说设计竞赛侧重于设计概念的表达，则实战中的设计更强调生产的可实现性。

5.1　办公产品设计案例

近年来，为了扩大学校的专业影响力，加强设计交流，提高学生的专业兴趣，很多学校都积极地组织学生参加各种类型的设计竞赛。而每一个设计竞赛，其实都相当于做一次快题设计；那么快题设计的方法应用于市场设计服务将会是怎样的呢？下面我们以浪尖设计集团有限公司、东风汽车集团有限公司技术中心提供的实践案例进行解析。

5.1.1　设计案例：智能印章

图 5-1 的产品曾在 2018 中国设计智造大赛中获创智奖。该产品属于浪尖设计集团有限公司（以下简称浪尖集团）。

"智能印章"这款创新产品围绕设计痛点，抓住功能特点，拓展使用方式。从创新到细节，环环相扣、层层递进。无论是展示还是在决赛答辩中的产品实践演示，都能做到重点突出，详细地表达市场需求及问题的解决方案。

以下对整个产品的设计过程进行了解。在目前房地产企业正在向高新技术企业转型的前提条件下，浪尖集团以系统性思维和持续发展的战略眼光，致力于打造全球领先的全产业链设计创新服务生态，以全产业链设计创新案例帮助企业转型升级。作为该项目委托方的上海建业信息科技股份有限公司（以下简称"建业科技"）成立于 2012 年,为智慧管理与智能应用提供一体化解决方案。"智能印章"产品作为建业科技创新创业项目,借助浪尖集团全产业链创新服务,实现了 3 年四代产品的设计服务,以此支撑企业转型升级（图 5-2）。

⊕ 图 5-1　2018 中国设计智造大赛获创智奖

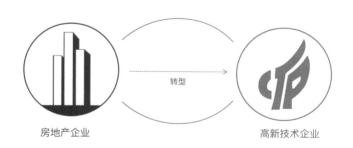

⊕ 图 5-2　全产业链设计创新案例

1. 开展项目背景研究

1）印章在中国具有特殊地位并且是文化、权利、商业诚信的象征

印章管理是企业管理的重点问题，也非常不可控。所以浪尖公司与客户共同研发了这款印章，它由印章管理平台、手机 APP 和智能印章三部分组成，通过物联网、移动互联网技术给传统印章加上了"智能锁"；具有用印审批、印章管理、智能用印、文件归档四大功能，实现了对印章使用前可知、使用中可监控、使用后可追溯；同时，也提供了开放接口，方便与企业的 ERP（企业资源管理系统）和 OA（办公软件系统）等业务联动管理；这款产品获得了 2018 年中国智造大奖，其从前期市场调研、产品定位、功能研发、外观结构设计、品牌设计（包装、掌印取名等）一直到生产出货，完成了产品销售前全生命周期的工作（图 5-3）。

| 1 产品概念阶段：进行市场调研和分析，收集用户需求和市场趋势，并生成产品概念。 | 2 产品设计阶段：进行详细设计，包括功能规划、界面设计、用户体验。 | 3 原型开发阶段：制作产品的原型，以便验证设计和功能，并进行用户测试和反馈。 | 4 工程开发阶段：进行产品的工程开发，包括软件编码、硬件制造。 | 5 测试和优化阶段：进行全面的测试，修复漏洞和问题，并对产品进行性能优化。 | 6 生产和制造阶段：进行产品的批量生产和制造，准备产品上市。 | 7 市场推广阶段：制定市场推广策略，进行产品宣传和销售推广。 | 8 售后服务阶段：提供产品售后服务和支持，包括故障修复、客户支持。 |

⊕ 图 5-3　产品开发过程示意

2）以设计背景中提及的需求总结以下产品特殊属性

产品具备仪式感、象征性，并且同类章只有一个；继而根据《智能印章》需求背景及属性来确定设计定位，并完成设计初步（图 5-4）。

产品特殊属性 | Product specific attributes

| 具备仪式感 | 具备法律效应 | 具有象征性 | 同类章有且仅有一个 |

⊕ 图 5-4　产品特殊属性

3）根据定位归纳问题并从宏观的角度出发做出提问

古人云："印者，权也，信也。"意思是从古至今，印章都是权力、身份的象征，是责任、信用的体现方式，是中国传统文化的代表之一。印章虽小，但是责任重大（图 5-5）。

通过对印章使用现状的调研，将问题进行归纳：印章多而分散、印章外带、违规用章、合同混乱等问题，都在传统印章管理上存在着具大风险。由于印章使用不当或存在假印章等问题，每年累计给我国造成直接经济损失数百亿元，间接经济损失无法估量（图 5-6）。

根据对国家政策的解读，在已经到来的信息化时代为迎合时代发展，提倡用科技保护人民。运用现代计算机技术和电子通信技术，把防治腐败工作的对象、内容、方式等纳入信息管理系统，搭建技术完备、功能完善、"人控＋机控"等模式，进行实时、动态、有效的监督管理，用科学的管理方式提高安全性和产品效益。

为什么需要智能印章？

图 5-5　从设计角度提问

图 5-6　印章使用现状分析以及央视报道印章使用过程中的问题

　　通过背景调研和问题分析，把前期的调研工作进行系统的整理与归纳，先提出问题，再找到问题的关键点，为接下来的设计工作做好基础性研究结论与数据。通过调研资料的总结与设计点，提取关键词：品质感、安全感、商务感、专业感，这是整个印章设计的属性（图 5-7）。

图 5-7　设计属性定位

2.通过关键点明确设计思路并对相近产品的属性进行比较

通过调研各类相近的智能产品,将它们的整体设计风格作为参考和对比,整理出关键词,再具体定位并提出以下四种产品定位需要达到的属性标准(图 5-8)。

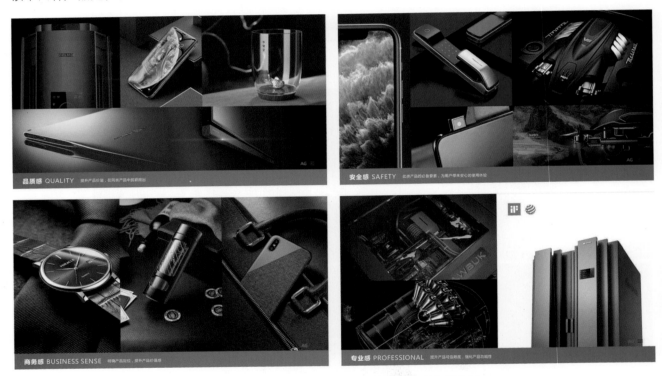

图 5-8　对相近产品进行比较与总结并整理出关键词

(1)品质感:提升产品的价值,同时也能达到在同类产品中脱颖而出的设计目的。

(2)安全感:此类产品的必备要素,比如图中的家居智能安全锁,为用户带来安心的使用体验与视觉关系,并通过密码输入给用户以稳定的安全感。

(3)商务感:既是需求人群的定位,也是提升产品价值感。

(4)专业感:提升产品可信赖度,强化产品的功能性。

3.进行头脑风暴的设计创意

这个阶段主要由设计小组在正常融洽和不受任何限制的气氛中以会议形式进行讨论、座谈,打破常规,积极思考,畅所欲言,充分发表自己的看法,反复进行思想的碰撞,并通过快速绘制的设计草图进行思维发散(图 5-9)。

头脑风暴
Brain Storm

⊕ 图 5-9　头脑风暴与小组讨论

　　通过三视图的 2D 表达方式,对智能印章进行草图绘制。在这个绘制的过程中明确尺度比例的概念,针对不同的视图理解印章的基本形态变化以及材质色彩的搭配。另外,通过智能印章的操作方式进行设计构思(图 5-10)。

草图发散
2D Sketch

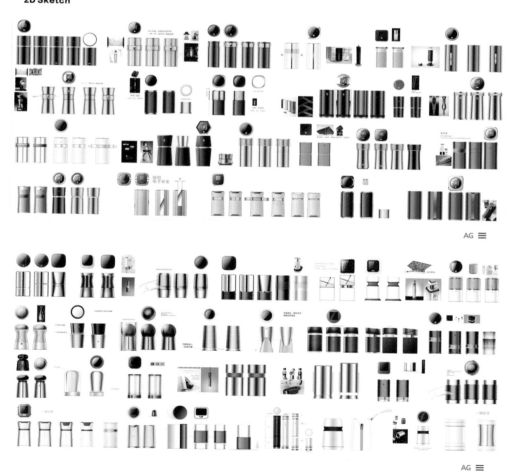

⊕ 图 5-10　2D 草图发散

4. 聚焦

聚焦的意思是选出几款最为合适的设计方案,并进行设计深化,明确设计方案最终的设计效果、设计的形态元素、色彩搭配以及使用功能的说明。以下是浪尖公司通过 2D 图整理出的深化设计方案,每款方案都从设计定位及功能形态进行了精细化的效果展示(图 5-11)。

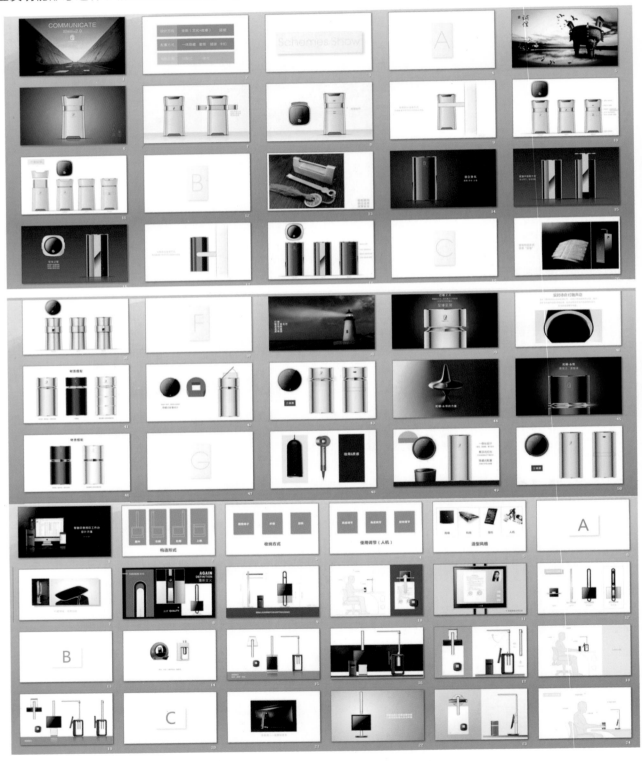

✿ 图 5-11 设计方案深化

通过几轮设计方案的不断深化与推敲,将设计方案整体展现出来。

1)第一代智能印章 1.0

使智能印章产品的方案设计进入最终效果图阶段,并设计出第一代产品——智能印章 1.0。

其方案设计理念如下:以灯塔为方案主题,灯塔代表着希望、信赖与光明,有很好的寓意。灯塔是位于海岸、港口或河道中用于指引船只方向的标志性建筑物。在形状方面大部分都类似塔的形状,透过塔顶的透镜系统将光芒射向海面或河面,照亮黑暗,给船只导航。

此设计理念完整诠释出几个关键点:行业标准、安全可靠、严谨务实。

在智能印章的设计中,以灯塔作为设计原型进行形态的分析,整体以圆柱为造型基础,配上边缘的大圆角作为上下结构的分界,使其设计的印章体积小、易携带。另外简约的造型更能体现出印章的商务感与专业感。

将产品整体的设计方案进行汇总并整理出产品宣传语"掌印—印章智慧管理整体解决方案"(图 5-12)。

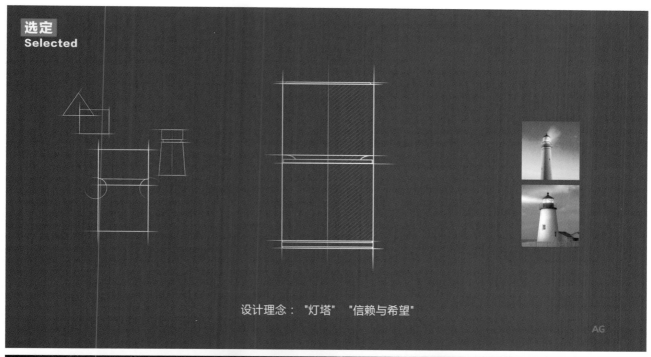

⊕ 图 5-12　设计理念及宣传语

至此,该智能印章的设计能够很好地体现出印章的安全性,为用户带来安心的使用体验,并提出了全套的管理方案,使产品有明确的价值观,设计逻辑清晰,产品不臃肿,给人以简约、专业的感觉。用户对产品的认知也清晰统一,产品品牌和认知体验也得到完整的体现。

2）第二代的智能印章 2.0

设计方案中以"鼎"作为原型进行设计构思,并作为创意点进行设计,这是以古代传统文化为基点的设计思路,体现出智能印章"稳"的感觉。"鼎"是我国青铜文化的代表,鼎在古时候被视为立国重器,是国家和权力的象征,鼎字也被赋予显赫、尊贵之意,如成语"一言九鼎"就代表着诚信（图5-13）。

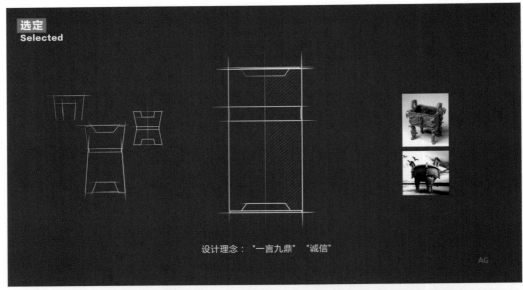

🔅 图5-13　设计第二代产品

本款产品结合鼎的设计语义,用简洁明了的线条体现印章的外观,给人以威严、不可侵犯之感。传统与现代的结合彰显了印章的产品定位,提升了产品的价值感。该产品在功能上兼容市面上所有的印章,使用二维码验证用印的真实性。设备可以自动盖印,支持双系统操作,使用时可以人、章分离,且体积小、易携带,并且大大降低了人为操作风险。印章不会被私盖、盗盖,增加了其安全性。该设计语义体现充足,以鼎为元素进行创新设计,最终整体呈现出庄严感（图5-14）。

3）第三代用印工作台

在第二代产品的基础上,信息化和智能终端的设计理念将引入第三代产品的设计中。这款智能用印工作台采用一体化大屏幕设计,使可视范围加大,且更加具有科技感。产品的智能功能如"人脸识别""AI唤醒""面部解锁,免密登录""自动存档""高清大屏"等,从多角度升级了智能用印体验。该产品帮助用户提升工作效率,缩短了用户使用产品的时间;印章的智能性使产品在操作的过程中更加安全可靠（图5-15）。

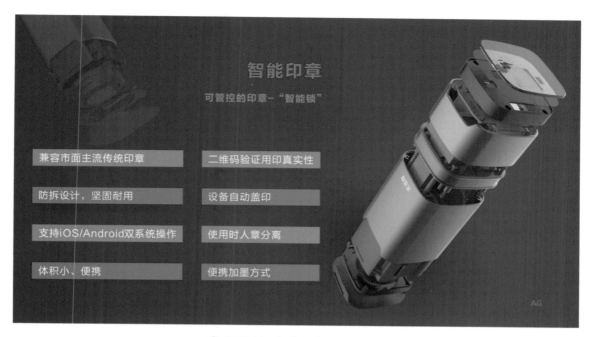

⊕ 图 5-14　智能印章的功能说明

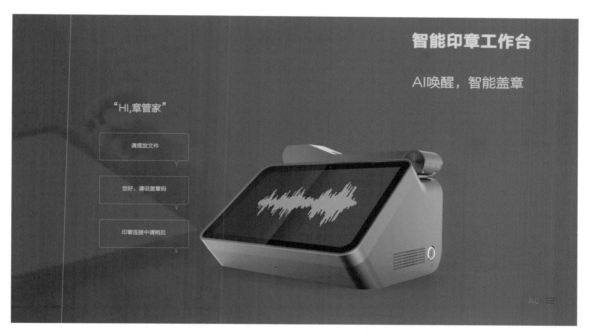

⊕ 图 5-15　智能印章工作台

　　方案设计完毕后,再次对智能印章进行设计深化,明确其材质与色彩,以及确定功能界面的操作方式;针对使用过程分析和论证产品与人机之间的关系,使产品的用户体验进一步提升。

5．对确定的方案进行结构推敲以及手板制作与调整,并完成包装的整体设计

　　1)进行结构推敲手板制作与调整

　　在产品实现阶段,应用工程结构、计算机辅助设计的方法对每款智能印章产品的外观尺寸予以修订,最终完成产品从内到外的整体优化设计。然后进行产品打样,在产品最终成型前对其表面颜色、相关功能进一步进行测试(图 5-16 ～图 5-19)。

结构推敲

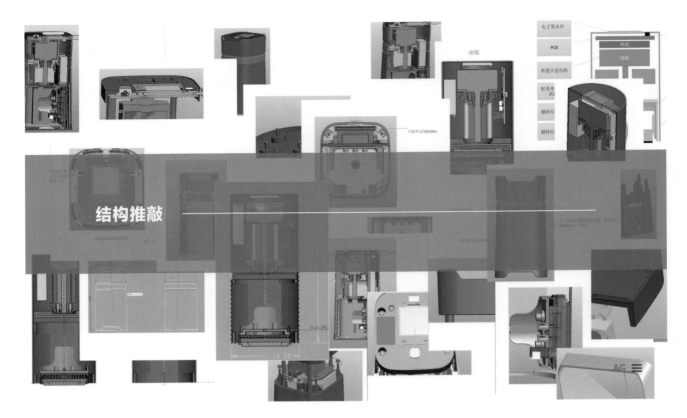

图 5-16　结构推敲

手板制作与调整

智能印章

图 5-17　手板制作与调整（智能印章）

114

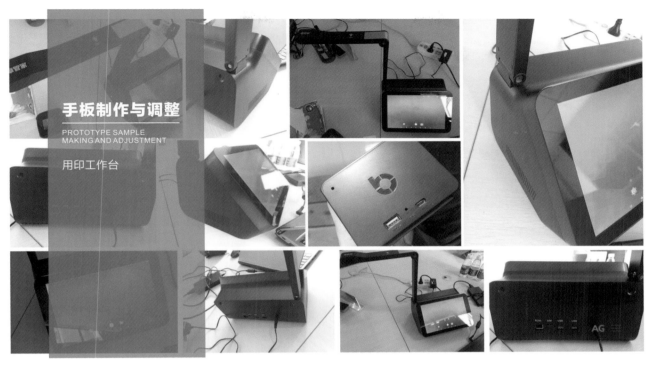

⊕ 图 5-18　手板制作与调整（用印工作台）

⊕ 图 5-19　产品生产调试

最终进入批量生产环节，包括产品调试，批量检测，以及与材料、机构、电子、通信、软件、模具、装配相关因素等多个方面。

2）产品的包装设计

产品包装以沉稳的黑色作为主色调，金色线条勾勒出产品形象。

包装定位与造型设计应根据产品特性、市场情况以及产品使用情况确定。LOGO 设计配色标准采用量子灰与经典的金色搭配，借助它们的对比效果，把各自的色相衬托得更加鲜明，在视觉上更自然和谐，较有美感价值，同时给人一种稳重大气的感觉，增加了品牌的价值感（图 5-20）。

包装设计效果图　　　　　　　　LOGO设计、配色标准

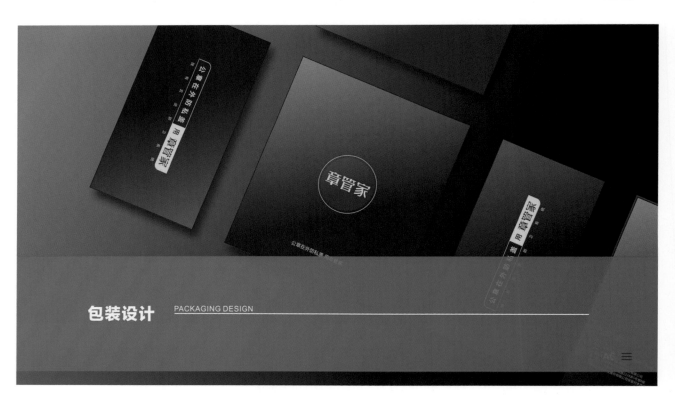

🈯 图 5-20　包装定位与造型设计

另外，包装结构采用方形包装盒，区块划分十分明显（图 5-21 和图 5-22）。

该智能印章在三年时间内迭代升级了四代产品，为企业打造了全流程的服务体系与体验。最后产品的价值体现在解决了异地用章和外带印章的困难与风险，大幅提升了各分子公司在外地开展业务的用章效率，节约了用章管理成本，也加强了印章管控、假章管控（图 5-23 ～图 5-25）。

包装结构设计

🔆 图 5-21　包装结构设计

🔆 图 5-22　产品整体效果图

🔆 图 5-23　价值评定

优势

| 获公安部安全认证 | 2项国家发明专利 | 3项软件著作权 | 4项国家专利 |

⊕ 图 5-24　优势分析

⊕ 图 5-25　行业影响力

5.1.2　设计案例：桌面级空气净化器

下面以浪尖集团的桌面级空气净化器产品（图 5-26）为例，对产品的设计过程进行分析。

⊕ 图 5-26　桌面级空气净化器

该产品围绕设计主题,通过抓住使用环境并融入传统文化元素进行创新设计。在方案设计初期,需要确定产品的定位,并收集相关信息,如消费群体、使用的环境、产品功能、材质、色彩、结构、造型风格等,对收集的资料信息进行归纳整理。另外还要对产品最终要表现的主题概念以及要进行的设计联想等方面进行归纳,要做好设计前的准备工作。

1．定位分析

　　(1) 产品定位。根据对调研资料的分析与数据统计可了解到,该产品的主要目标用户群是 30 ～ 39 岁的商务人士,次要用户为二手烟人群。

　　(2) 产品应用场景定位。该产品的主要应用场景是办公室,次要应用场景是会议室与家庭。

　　(3) 产品功能定位。主要功能包括除烟,除尘,除异味,除焦油,除尼古丁,增加负离子,收集烟灰、烟蒂;次要功能为方便更换滤芯和拆洗,以及烟雾检测和自启动功能。

　　对产品定位按主次归纳出关键点,可以让我们清楚设计重点 (图 5-27)。

用户定位
USER POSITION

主要用户：30 ～ 39 岁的商务人士

次要用户：二手烟人群

场景定位
SCENES POSITION

主要应用场景：办公室

次要应用场景：会议室、家庭

功能定位
FEATURES POSITION

主要应用功能：除烟,除尘,除异味,除焦油,除尼古丁,增加负离子,收集烟灰、烟蒂

次要功能：方便更换滤芯和拆洗,以及烟雾检测的自启动

图 5-27　产品定位

2．开展前期草图分析

　　通过对背景的调研和对问题的分析,归纳出主要问题,找到设计的关键点,为接下来的设计做好了基础性工作。

　　草图分析阶段要让设计成员全面地理解产品结构、功能分区、基本形态等,并通过关键点明确设计思路,然后运用头脑风暴的方法进行创意设计 (图 5-28)。

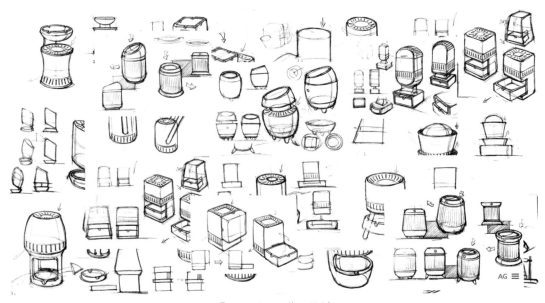

图 5-28　草图设计

3．进行方案比较及优化

1）方案一

首先看一下创意方案一中的这款空气净化器。它从茶盘中找到灵感，希望智能烟灰缸像茶盘一样成为商务人士办公桌上不可或缺的必需品。净化器和烟灰缸采用分体式设计。净化器的开孔朝上，将过滤后的新鲜空气向斜上方吹出，避免吹走烟灰。可以将净化器从托盘上取下，方便更换滤芯及清洗烟灰。托盘内部微微凹陷，形成烟灰缸，打破了传统烟灰缸造型，使净化器和烟灰缸和谐统一起来，既美观简约，同时也将功能进行了归纳（图5-29）。

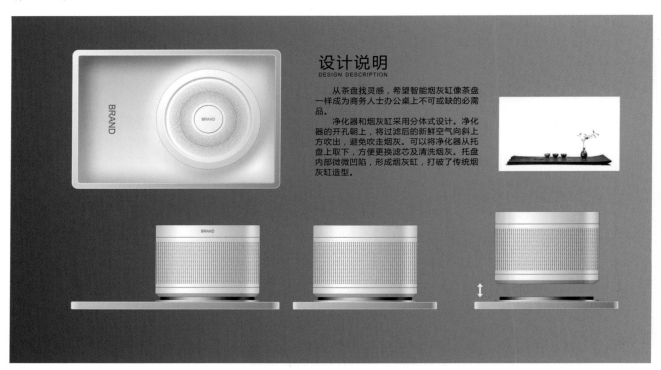

🔆 图5-29　从茶盘找灵感的方案

2）方案二

方案二的设计灵感来源于拱手礼，寓意为扬善隐恶，表示恭敬，符合办公室洽谈时的情景。同时在配色上选择黑白阴阳配色，含有传统文化中"谦"与"和"的理念，彰显了中华民族作为礼仪之邦的文化内涵。

烟灰缸具有大理石质感，用磁吸的方式固定。分体式可拆卸设计便于清理烟灰与更换滤芯。净化器顶部内凹的设计方便加水。出气孔与充电口隐藏在底部，在提升造型整体感的同时，透出一种传统文化的品位，使产品在视觉上体现出一种"雅趣"的味道，并弱化了烟灰缸给人带来的脏和乱的感受（图5-30）。

3）方案三

方案三中的这款空气净化器的设计灵感来源于山水等自然风光。通过对山水造型的特点进行形态的抽象归纳，将山水置于产品上端的烟灰缸中，同时可以用来放置点燃的香烟，既美观又兼具功能性。

设计者使用了一体化的设计方式来突破传统烟灰缸的形状，将烟灰缸与空气净化器进行组合设计。在结构上，旋转顶部的烟灰缸，就会露出净化器进气口，开启电源，净化器自动开始工作；把烟灰缸转回去，自动关闭进气口。这种操作方式将产品开关结合到上端的烟灰缸旋转结构中，巧妙地整合了空气净化器的启动功能（图5-31）。

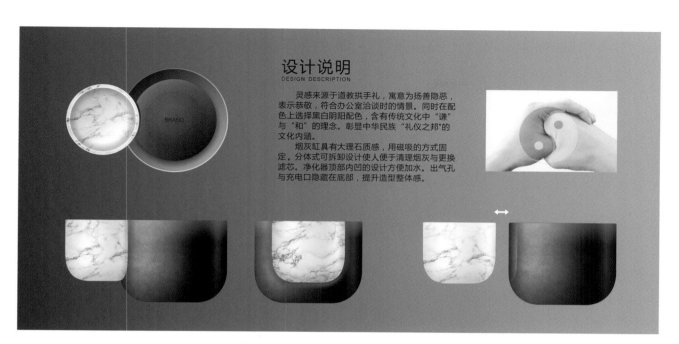

⊕ 图 5-30　从文化元素找灵感的方案

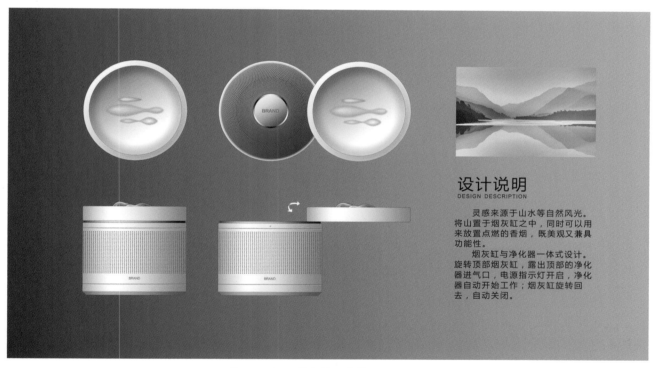

⊕ 图 5-31　从自然风光找灵感的方案

4. 确定最终方案并进行深化设计

通过比较以上三套设计方案,可以最终选择完善的方案,并再次进行深化设计。根据客户意向可知,在商务办公的环境下,人们更希望智能烟灰缸像茶盘一样成为商务人士办公桌上必不可少的必需品(图 5-32)。

空气净化器和烟灰缸最终采用分体式设计。净化器内做导风,让风向斜上方吹出,避免吹走烟灰。可以将净化器从托盘上取下,方便更换滤芯及清理烟灰。托盘内凹,并有小山体点缀,形成烟灰缸,打破了传统烟灰缸的造型。

设计说明

从茶盘找灵感，希望智能烟灰缸像茶盘一样
成为商务人士办公桌上的必需品。

净化器和烟灰缸采用分体式设计。净化器内做导风，让风向斜上
方吹出，避免吹走烟灰。可以将净化器从托盘上取下，方便更换
滤芯及清理烟灰。托盘有小山体凹凸点缀，形成烟灰缸，打破了
传统烟灰缸的造型。

🔆 图 5-32　对方案一进行深化设计

通过深化设计，选出 A 与 B 两款产品。针对局部功能性
特点再次经过对比，然后确定最终方案（图 5-33）。

1）A 款产品

A 款产品本身体现出"简单精致，细节丰富；简约现代，
优雅美观"的特质。造型方面以圆柱体为产品形态，具有时
代感，并通过颜色对比凸显产品意境。这种设计方案，让用户
有一种安静清新的感受。在螺旋出风口的设计中，看上去造
型简单但不失应有的细节特征（图 5-34）。

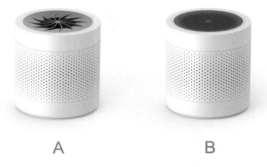

A　　　　　　　　B

🔆 图 5-33　深化设计并选出 A 与 B 两款产品

简单精致 细节丰富

螺旋型风口设计，简单的造型不失优秀的细节。

简约现代 优雅美观

圆柱型的净化器，简约现代，通过颜色对比突显产品，简单的产品为人们带来清新的空气。

✿ 图 5-34　A 款产品

在产品配色时，选取当下主流的金色、灰色、黑色的色彩搭配。采用多种配色方案，使用户有更多选择。在确定方案基础上，再绘制三视图及产品环境效果图，强调产品的可行性（图 5-35 ～图 5-37）。

多种配色 更多选择

产品提供多种配色可供选择。

✿ 图 5-35　A 款产品的不同配色

三视图

尺寸 260*260*285
单位 mm

✿ 图 5-36　A 款产品的三视图　　　　✿ 图 5-37　A 款产品的场景效果图

2）B 款产品

该空气净化器 B 款产品的配置中采用直线列阵风口设计,同样选取当下主流的金色、灰色、黑色的主流设计。让产品更加多样化,多种颜色可选,大大增加了产品的适用人群,可以满足不同年龄段和喜欢不同颜色的人群。色相鲜明,显得天然和谐。且金色与黑色彰显气度,增加了品牌的价值感（图 5-38 和图 5-39）。

简约现代 优雅美观

圆柱型的净化器，简约现代，通过颜色对比
突显产品，简单的产品为人们带来清新的
空气。

多种配色 更多选择

产品提供多种配色可供选择。

 图 5-38 B 款产品及其配色

三视图

尺寸 260×260×285
单位：mm

图 5-39 B 款产品的三视图

在 A、B 两款产品的细节对比中,我们可以明显感觉到 B 款产品在设计细节方面,无论是尺度变化还是各部分的比例,都会给人一种视觉舒适感,空气净化器的形态在整体上更加协调统一。

3)产品爆炸图与产品材料制图

确定方案并进行深入设计后,再设计这款产品的内部零件爆炸图。这款产品从内到外一共分为 5 部分,即入风口、HEPA 高效芯片、高分子过滤网、净化空气出口和水盘等结构(图 5-40)。

桌面净化器外壳部分由 7 种工艺组合而成,一是 ABS 材料的进风饰板,材质质感采用哑面黑色工艺;二是亚克力雾状半透明材料的 LED 灯带;三是 ABS 材料的主体顶盖采用哑面白色工艺材质;四是 ABS 电源开关按键的键帽采用哑面白色工艺材质;五是 ABS 顶盖装饰条,以表面电镀工艺进行处理;六是该产品的主体网格,整体采用钣金材质,表面做喷漆白色哑面处理;七是主体的底壳采用 ABS 材质整理哑面白色处理工艺。至此,整个产品从设计概念、结构功能的整合、零部件的组成到产品外饰的工艺全部完成(图 5-41)。

这款产品采用的四种配色:白金、黑金、黄木、黑木,刚好与高贵、沉稳、自然相契合。放置在不同场景里,都能与环境相得益彰。这款空气净化器不仅可以点缀办公环境,也可当作饰品、摆件出现在家庭生活场景之中(图 5-42)。

①	入风口
②	HEPA 高效滤芯
③	高分子过滤网
④	净化空气出口
⑤	水盘

⊕ 图 5-40　产品的内部零件爆炸图

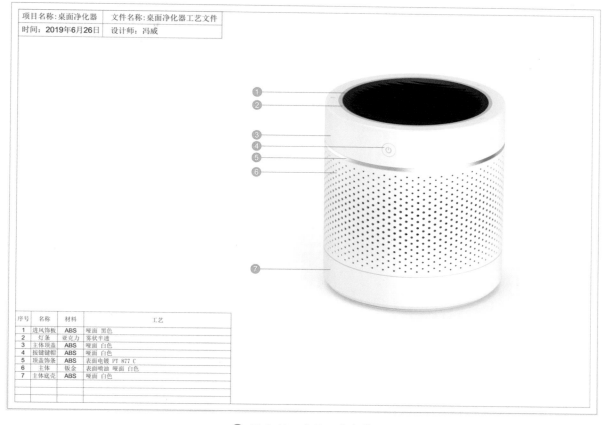

项目名称:桌面净化器	文件名称:桌面净化器工艺文件
时间:2019年6月26日	设计师:冯威

序号	名称	材料	工艺
1	进风饰板	ABS	哑面 黑色
2	灯条	亚克力	雾状半透
3	主体顶盖	ABS	哑面 白色
4	按键键帽	ABS	哑面 白色
5	顶盖饰条	ABS	表面电镀 PT 877 C
6	主体	钣金	表面喷油 哑面 白色
7	主体底壳	ABS	哑面 白色

⊕ 图 5-41　产品工艺文件

配色方案
COLOR SCHEMES

白金

黑金

黄木

黑木

AG ☰

⊕ 图 5-42　配色方案与使用环境

5．产品打样，手板及模型的制作过程

在产品最终成型过程中，可对表面颜色、产品装配效果、产品功能进一步进行测试，并进行手板及模型的制作（图 5-43）。

☼ 图 5-43　产品打样与手板制作

6．产品的量产

通过一系列的工程结构测试，最终将产品投入量产中（图 5-44 和图 5-45）。

⬆ 图 5-44　批量零部件的生产与组装

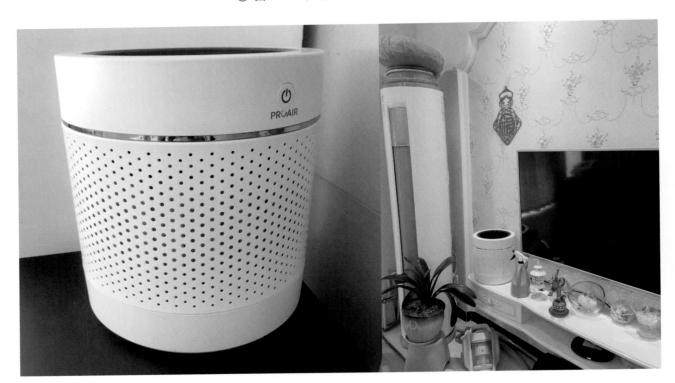

⬆ 图 5-45　使用实物

5.2　家居产品设计案例

　　本节设计的案例是苏泊尔 T6 轻量手持吸尘器，该产品由浪尖设计集团有限公司设计。

　　此款产品获得过 2019 年国际 CMF 设计大奖、2020 年红点设计大奖、外观专利 4 项、实用新型专利 7 项，是一款设计优秀的家电产品（图 5-46）。

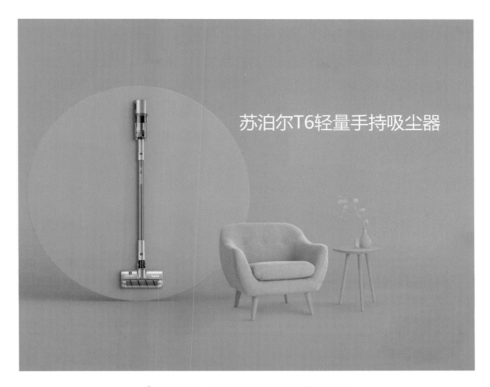

苏泊尔T6轻量手持吸尘器

⊕ 图 5-46　苏泊尔 T6 轻量手持吸尘器

本设计主题主要针对用户体验及研究作为设计出发点,通过对产品全方位地进行实验,找出问题所在。该案例的设计方法比较适合针对现有产品的改良与升级。

1．项目背景研究

苏泊尔集团有限公司是中国最大、全球第二的炊具研发制造商,中国厨房小家电领先品牌,"T6 轻量手持吸尘器"产品为苏泊尔家居生活电器战略市场部项目,客户希望借助浪尖集团近 20 年的跨行业经验和扎实的设计能力,共同打造一款解决清洁痛点的手持吸尘器。目前整个小家电市场中,英国戴森公司的双气旋系统式吸尘器带动了推杆品类产品的高速增长;在电商渠道,国产小狗吸尘器系列产品以同款高性价比拿下 15% 的市场份额;在线下渠道,国内莱克电气股份有限公司的吸尘器以高速电机为核心技术,以轻巧的立式设计与戴森公司的吸尘器展开竞争。

2．产品特殊属性

苏泊尔在主推擦地 V 锋 50A 款产品的同时,需要另一款主推的端口机型,在线下还需要更具竞争力的推杆产品形成擦地 V 锋系列。T6 轻量手持吸尘器的设计定位如图 5-47 所示。

| 定位 | 设计 | 实现 | 价值 |
| POSITION | DESIGN | ACHIEVE | VALUE |

⊕ 图 5-47　设计定位

3．根据定位归纳问题并从宏观的角度出发做出分析

一般设计开端,设计小组会针对用户体验来找寻问题,这也是常用的一种设计思考和分析方法,在高效的设计环节中必不可少。首先,分析产品肯定不会漫无目的地去做调研和收集相关的设计资料;其次,有针对性地分析产品,最终整理出有价值的调研报告,并对用户体验进行研究（图 5-48）。

图 5-48　用户调研与实验整理问题

从用户需求方面来说,经营者和用户想从产品得到什么,某个功能是否应该成为产品的功能之一,各种功能组合方式如何制订,各功能之间是何种结构,按钮和手持端等控件如何布局,要达到最好的产品效果应如何确定色彩、比例、材料,这些方面都需要考虑。下面将这些问题归类三个方面,运用用户体验的方式来给出答案,分别是产品使用体验、产品拆卸安装体验、产品清洁体验。

1）产品使用体验

（1）清扫地毯比清扫光滑地面阻力要大。

（2）尺寸偏大的垃圾（如较大纸片等）吸不进。

（3）全程单手操作,使用三分钟后会感觉疲劳。

（4）空隙小的家居底部无法把吸尘器伸进去。

（5）有时需要弯腰观察桌子底部。

（6）在长按不松手调节模式下,根据声音反馈可感知吸力增强。按压时间长了,手臂会感觉到酸累。

（7）单手开启调节角度的开关距离略远,针对部分手掌小的用户来说,操作可能不太方便,尤其对于女性用户群体来说不合理,因此人机尺度需要重新进行定义。

（8）开启可调节角度的开关后,在手臂舒适状态下,清理桌底相对灵活。

（9）用空闲的另一只手关闭电源,指示灯熄灭,这个操作动作有一些不太便捷。

2）产品拆卸安装体验

（1）低头观察尘桶的拆卸方式，并尝试进行拆卸。在拆卸过程中按键位于尘桶底部，第一次使用不便于观察。

（2）拆卸尘桶时双手均需用力。

（3）拆卸完尘桶，倾倒垃圾之前，需将整机放置于可依靠的墙或家具旁才能进行操作。

（4）拆除相应模块才能倾倒垃圾，且倾倒时会有部分扬尘。

（5）部分毛发垃圾缠绕尘桶，难以倾倒，通过拍打、甩动、抽拉也难以完全倾倒掉，最终只能直接用手把缠绕在上面的垃圾取下。

3）产品清洁体验

（1）过滤棉单独放在一个模块中，可完全拆卸下来清洗，黄色小提手在放过滤棉时对正反方向有一定的指示作用。

（2）过滤棉的缝隙难以清洗。

（3）由于尘盒的结构和深度等方面的原因，有一些死角难以完全清洗干净和擦拭干净。

通过以上用户体验，总结了产品相关的优缺点和一些使用过程中的问题，这种方式能很好地总结产品在使用过程中遇见的问题，并进行一种理性的评价，也能更为直观地察觉到一些新的设计点（图 5-49）。

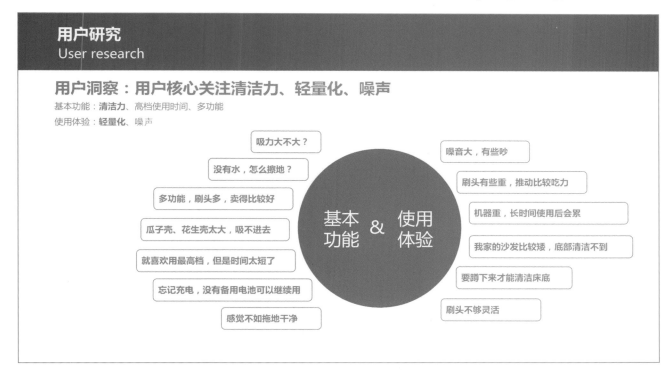

🜨 图 5-49　用户研究

4）用户关注的核心问题

通过对清洁力、轻量化、噪声等方面进行对比分析，可以归纳出以下问题：

（1）吸力大不大？

（2）没有水时怎么擦地？

（3）多功能，刷头多，卖得比较好。

（4）瓜子壳、花生壳太大，吸不进去。

（5）许多人喜欢用最高档的，但是电池续航时间短。

（6）忘记充电时，没有备用电池也可以继续用。

（7）对灰尘吸入效果不如拖地干净。

（8）噪声大，有些吵。

（9）刷头有些重，推动比较吃力。

（10）机器重，长时间使用后会很累。

（11）家里的沙发底盘比较矮，底部清洁不到。

（12）要蹲下来才能清洁床底。

（13）刷头不够灵活。

通过以上问题能够看出：快题设计的方法很明显要从问题出发，以问题为导向来进行思考，在思考过程中进行思维碰撞，最终找到解决问题的方法。

以上方法能够感受到吸尘器的基本操作用法，也能很好地体验到产品的优缺点，这样对后续的设计及思路创新也有很好的帮助。

接下来就要对市场进行分析，主要目的是分析竞品设计的现状与趋势，沿袭优秀的设计点，同时寻找设计突破点（图5-50）。

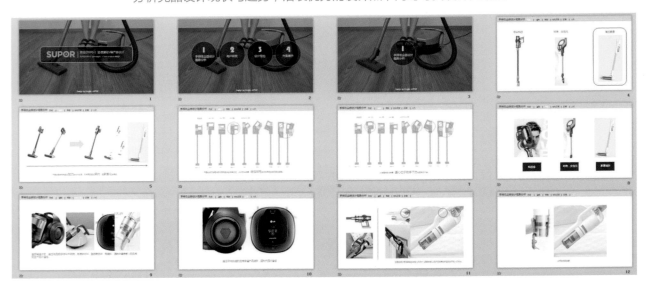

市场分析
Market analysis

分析竞品设计现状与趋势，沿袭优秀的设计点，同时寻找设计突破点

⊕ 图5-50　市场分析

4．通过关键点明确设计思路，并对相近产品的属性进行比较

下面进行一系列分析，如轻量化的考虑、手持部位的分区、操作界面与按钮的关系。这个分析过程能够让我们了解到更好的设计方式，是一个取长补短的过程，也是一个产品数据收集及产品优化的过程（图5-51）。

从风格、基础造型、CMF表面处理技术、人机交互设计方向来指导具体的设计，通过比较分析来选择一些参考效果完善产品的特征（图5-52）。

设计定位
Design position

从风格、基础造型、cmf、人机交互方面定位设计方向，指导具体设计

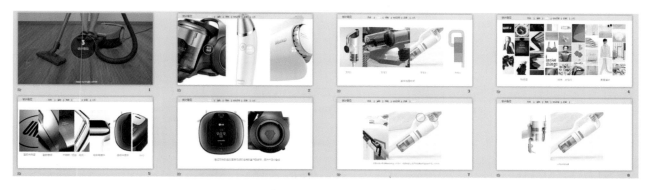

⊕ 图 5-51　设计定位

⊕ 图 5-52　设计方向

5．进入头脑风暴的设计创意阶段

下面进入头脑风暴的设计过程。在整个过程中，我们需要将思维建立在五个层面上。

（1）在观察者层面：提高产品的美学价值；有创新性与差异化；包括持久性、引导性、统一性等特点并且要符合环境要求。

（2）在使用者层面：要有实用性、安全性、通用性；具备人体工学与人机交互的特点；产品的使用方式、状态符合用户的生活方式和习惯，并与使用环境相和谐。

（3）在生产者层面：具有合理的材料与工艺性能，应用标准化制作，控制好成本，满足创新需求。

（4）在拥有者层面：具有身份认同度、品牌识别性。

（5）在社会层面：具有可持续发展及正面启迪的意义（图 5-53）。

这五个层面也等同于设计师与用户群的换位思考。这一点在设计者的思维意识中是非常重要的。

在设计过程中大家要集思广益，对个人的设计思路进行分享，运用便利贴的方式把设计要点或应注意的问题贴在黑板上，再进行分类归纳，做出思维导图。然后用

⊕ 图 5-53　头脑风暴

A3 幅面的手绘纸进行草图绘制,再由设计小组进行评审,选出最优的几款方案进行二维效果图绘制（图 5-54）。

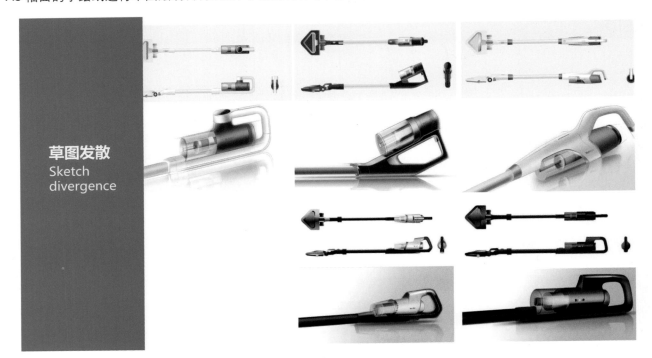

草图发散
Sketch
divergence

🔼 图 5-54　草图发散

二维效果图通常也称为二维产品效果图表现,主要是在手绘草图的基础上深化出产品形态、比例关系和色彩关系（图 5-55）。

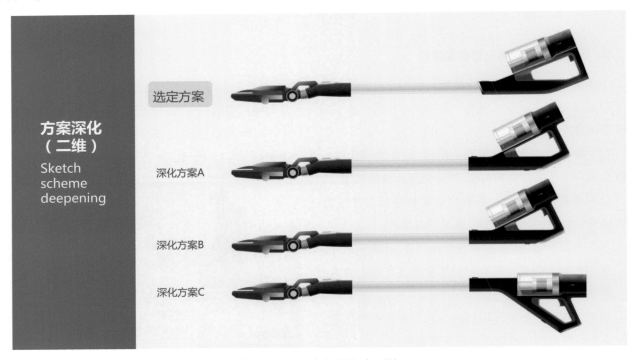

方案深化
（二维）
Sketch
scheme
deepening

选定方案

深化方案A

深化方案B

深化方案C

🔼 图 5-55　方案深化（二维）

接下来从 A、B、C 三种方案中选出 A 方案进行二维效果深化。其实几个方案的区别不是很大,主要就在于对手柄的位置不断地进行改进,使用户能够更加舒适地使用产品,这也是对人机尺度的优化（图 5-56）。

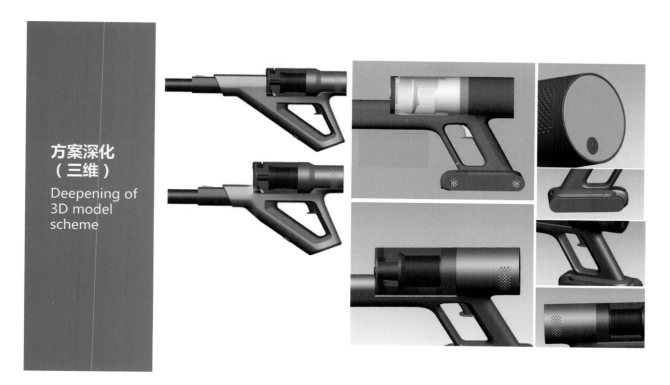

方案深化
（三维）

Deepening of
3D model
scheme

⊕ 图 5-56　方案深化（三维）

确定了方案之后,再通过计算机辅助的方式进行产品建模,从内部零件到外饰进行整体的建模输出,运用 3D 效果图来完整地表现产品最终的形态、结构、材质等方面。

6. 通过几轮设计方案的不断深化与推敲将设计方案整体展现出来

从效果图中可以清楚地看到产品的比例关系,以及吸附在墙面的设计,既不占用空间,又显得非常和谐。近距离局部效果的展示是为了更加方便地展示结构和功能（图 5-57 和图 5-58）。

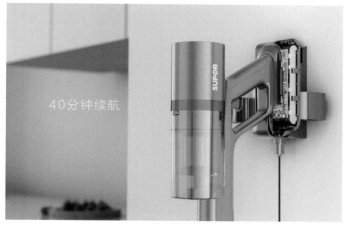

⊕ 图 5-57　方案环境效果图 1　　　　　　　　⊕ 图 5-58　方案环境效果图 2

使用功能体现在以下方面:采用三合一的多功能刷头替换方式;针对不同的环境,轻松解决各种角落灰尘;静电布艺除尘模式可以针对沙发制品进行清理,不损伤沙发表面,既有保护功能,又能轻松除尘;长嘴扁吸模式的刷头主要处理一些有附着力的灰尘与污迹,刷头部分可以同时在清扫的过程中进行除尘,集中灰尘处理模式可以处理颗粒大的灰尘或堆积的污迹（图 5-59 和图 5-60）。

三合一多功能刷头

轻松清理整屋各角落灰尘

静电布艺除尘模式 　　　　　　　　长嘴扁吸模式 　　　　　　　　静电布艺除尘模式

⊕ 图 5-59　功能说明 1

宽口大嘴刷 鲸吞大颗粒

地砖缝隙间的陈年积灰也能吸扫干净

毛发　　黄豆　　饼干屑

自动感应灯　　擦地不缠发

⊕ 图 5-60　功能说明 2

专门设计的大嘴刷应用于地板时，毛绒刷头能针对毛发、颗粒做到很好的除污效果。转化刷头后还可以针对床铺进行除螨（图 5-61）。

除螨率高达99.9%

守护家人皮肤健康

⊕ 图 5-61　功能说明 3

在产品的操作界面处,可以一目了然产品在使用过程中的一些信息,如产品电量、尘满、滤网清洗等提示功能。简洁大气的屏幕方便易懂,且设计在手柄处的正上方,正好符合操作习惯(图 5-62 和图 5-63)。

① 图 5-62 功能说明 4

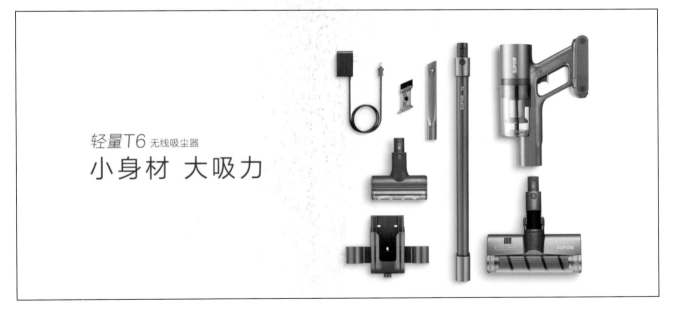

① 图 5-63 功能说明 5

7.实现

实现过程是让产品由虚拟模型转换到样机,再到量产的一个生产过程,这个过程主要是针对产品的装配、结构、材料、功能测试等进行把控(图 5-64)。

图 5-64　设计实现

要进行结构的推敲,就需要将产品每一个结构零件都要计算出来,它们之间有相互的装配关系以及材料厚度要求（图 5-65 ～ 图 5-67）。

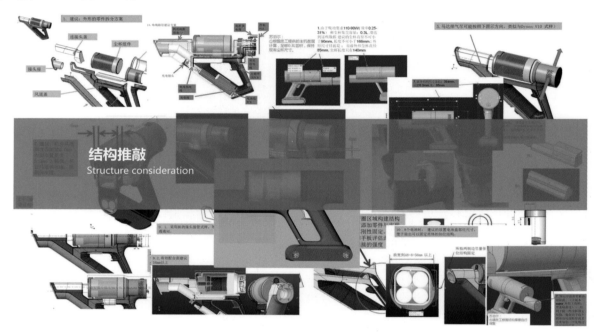

图 5-65　结构推敲

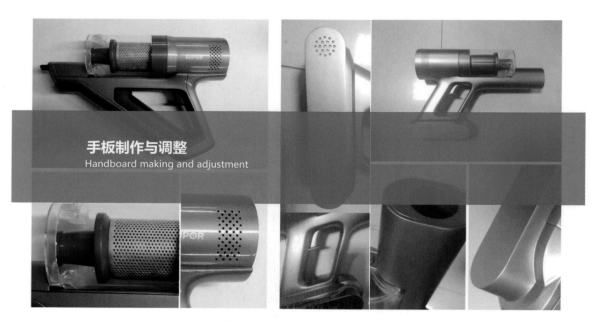

图 5-66　手板制作与调整

图 5-67　生产调试与生产

一般要进行数次手板制作,并进行数据的优化调整,才会得到一款最终的样机。

样机制作出来之后要进行生产调试,并进行小批量试用,最终产品量产后再投放市场。

8．分析产品价值

这款产品的价值在于:对用户而言是轻量化、大吸力,解决了用户需求痛点,大大提升了清洁体验(清洁效果、清洁效率、使用舒适度);对客户而言是上市后给客户创造了良好的经济效益,同时进一步强化了苏泊尔的品牌形象(图 5-68 ~ 图 5-70)。

定位	设计	实现	价值
■ POSITION	■ DESIGN	■ ACHIEVE	■ VALUE

图 5-68　产品价值

价值
Value

■ 对用户而言:轻量化,大吸力,解决用户需求痛点,大大提升清洁体验(清洁效果、清洁效率、使用舒适度)

■ 对客户而言:上市后给客户创造良好经济效益,同时进一步强化苏泊尔的品牌形象

图 5-69　价值分析

荣誉
Honor

外观专利
实用新型专利

4
7

2019国际CMF设计大奖　　　　2020红点设计大奖

⊕ 图 5-70　获得的荣誉

5.3　东风风神 e.π 概念车的开发过程

2018 年 4 月 23 日，以"正值东风来临时"为主题的东风品牌战略发布会在北京举行。东风风神 e.π 概念车在发布会上首次亮相，展现出东风自主品牌在智能网联潮流下的未来科技与智慧生活图景。作为东风首款新能源、高性能轿跑概念车，是为了体现情感诉求、人文关怀和对未来美好生活的畅想而推出的。

东风风神 e.π 概念车中，e 代表 electrical，即电动新能源；π 为圆周率，数字无限长而不重复，表示未来的无限可能。东风风神 e.π 概念车体现了"品智·悦心"的设计哲学，并展示了东风品牌对"五化"（轻量化、电动化、智能化、网联化、共享化）发展趋势的理解。

"品智·悦心"的设计哲学分为三个层面：双燕·凌动、大器·问鼎、简约·臻美。"双燕·凌动"是对该款车外在形象的诠释，"大器·问鼎"是对该款车内在品质的锤炼，而"简约·臻美"是对该款车纯粹平衡的回归。

e.π 概念车通过"电动化"共享平台，使纯电动车可在充电 15 分钟后达到不低于 500km 的续航里程，而混动版本可以提高至 1000km 续航里程；四轮轮毂电机提供了更好的承载空间和手动驾驶乐趣，以及低于 4s 的百公里加速体验；低分贝的电机系统为客户提供居家般的宁静感受。e.π 概念车可通过"共享化"平台解决方案，实现都市动态信息共享及个性化配置共享，践行绿色环保出行理念（图 5-71）。

⊕ 图 5-71　东风风神 e.π 概念车

现代汽车设计方法基本上是按照汽车设计之父哈里·厄尔所制定的设计流程进行的。随着科学技术的发展，特别是计算机辅助设计技术的发展，越来越多的先进设计方法被应用到概念车设计中，在缩短了设计周期的同时，提高了设计质量。概念汽车的设计总体流程与量产车设计过程基本相同，由于比量产车受到的制约要少很多，概念车的设计过程更能体现创新性。

完整的概念车设计过程主要包括以下三个阶段。

1．二维方案设计阶段

这一阶段的工作主要是由创意设计师来完成，主要的工作任务是按照概念车设计任务书所确定的设计目标，并根据总体设计时所确定的尺寸和结构条件进行造型创意设计。

（1）设计初期阶段根据造型创意多样化的设计要求，往往由多名设计师同时进行设计创意，以设计草图作为主要的设计表达和交流方式，设计部主管（如设计总监）会根据自己的经验选定几款设计方案让设计师进行下一步的设计（图 5-72）。

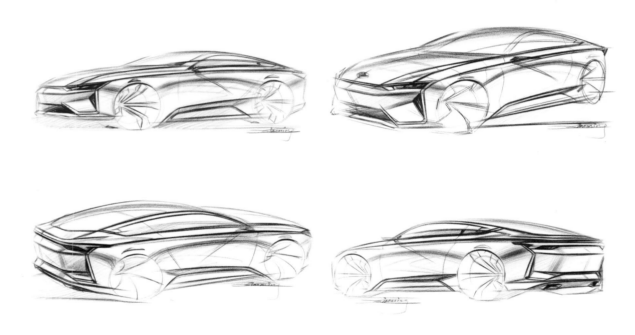

图 5-72　造型创意设计

（2）方案被选中后，设计师紧接着要完善自己的设计方案，这个阶段主要是以设计效果图作为表达方式。设计效果图通常包括外观和内饰两部分，一般由不同的设计师分别进行设计。内饰的设计风格要求与外形设计风格相一致，以确保整车风格的统一（图 5-73）。

二维方案设计阶段的最终目的就是选定一套符合设计要求的最佳设计方案，这一阶段是整个设计开发过程中最重要的阶段，有了一套优秀的设计方案，才能够开发出一辆完美的概念汽车。

2．油泥模型造型阶段

概念车的油泥模型一般直接制作全比例的 1∶1 模型，并且只做一套方案，也就是一个外模型和一个内模型。

提示：量产车一般要先制作多个小比例油泥模型，然后制作 1 套或 2 套等比例油泥模型。

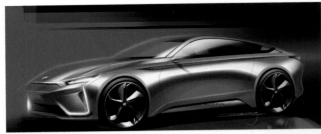

⊕ 图 5-73　设计效果图

油泥模型制作的具体方法如下。

（1）首先要用泡沫板推扎在金属和木制底层结构上，制作出油泥模型的内部框架。然后在架子上糊上大约500千克的油泥，将架子全部包裹起来，接着就可以进行油泥模型的粗刮了。

（2）油泥模型的粗刮主要是把汽车上大的形面表现出来，所要求的表面光顺程度不高。油泥的粗刮有两种方法：一种是使用传统的手工方法进行粗刮；另一种是根据设计效果图，使用三维造型软件如 ALIAS 等，在计算机里建出造型设计数字模型，再把 ALIAS 数字模型中的一些控制线、控制面取出来，转化成为铣削机能够辨认的数据格式，用大型五轴铣削机直接铣出粗刮的油泥模型（图 5-74）。

（3）粗刮阶段完成以后，就开始进入油泥模型的精刮阶段。到目前为止，油泥模型的精刮都是人工进行的，这一阶段的工作主要是由油泥模型师在设计师的指导和配合下完成的。油泥模型精刮的主要任务是在粗刮的基础上雕刻设计细节，并反复观察斟酌线条走势，不断修整完善整个造型，并进行表面光顺处理。在这一过程中，油泥模型师的作用非常重要，好的模型师能够准确快速地表达出设计师所想要的设计造型，而且往往能帮助设计师在模型阶段进行更好的三维创新。油泥的精刮大约要花费一个月的时间，在此期间设计主管和公司主管将会进行油泥模型评审，如果发现问题便进行修改，直至最终确定油泥模型方案（图 5-75）。

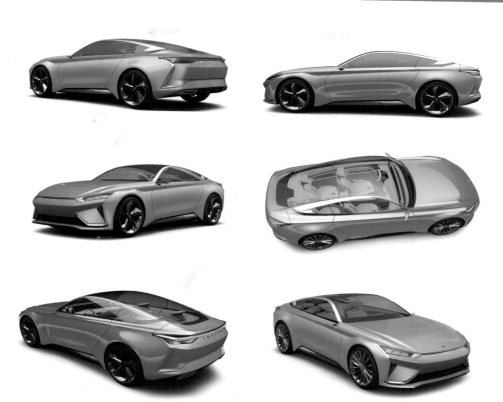

✿ 图 5-74　三维效果图

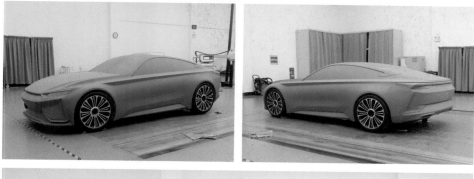

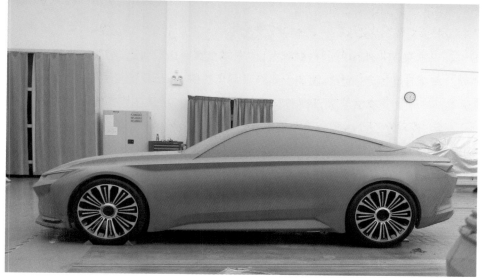

✿ 图 5-75　油泥模型

（4）从想象到设计效果图，再从设计效果图到油泥模型雕刻完成，造型设计阶段就全部结束了。接下来将油泥模型转化成工程数据，开始对油泥模型外表面数据进行测量，这是极为关键的步骤，将花费大量人工制作的实体油泥模型全部转化为三维的计算机数据，测量得到的数据和信息将提供给车身工程师和结构工程师。这些数据经过逆向设计后，将用于计算机铣削样件以及备份数据。

3. 概念样车装配阶段

根据油泥模型所测量出来的数据，车身工程师们通过工程结构软件对各个车身零部件进行设计，并将设计数据提交给样件生产工厂，样件生产工厂利用这些数据及数控加工的方法，以泡沫塑料作为原材料制作车身零部件。这些泡沫塑料有的被用来制造铸模，有的则直接做成成品准备进行最后安装。

所有的零部件样件准备好了以后就开始装配样车，这些零部件安装在由工程部门根据汽车总体设计方案所开发出来的车架上，该车架上安装了发动机、悬架等。样车的装配过程大约要花一个月的时间才能完成，最后进行喷漆，完成全部装配。装配完毕的概念车与量产车不同，可以不进行风洞试验和道路测试等车辆测试项目，只需要等待在大型车展上使用。

最终装配完成的整车车身侧面造型整体风格简约，形面饱满，线条舒展流畅，使用了摄像头式后视镜，有助于进一步降低风阻并提升车辆的续航能力。为了体现电动轿跑车十分酷炫时尚的特点，该车采用了超跑中常用的剪刀门设计，使乘员上下车的方式更加方便且富有朝气（图 5-76）。

⊕ 图 5-76　车展模型 1

轮毂的造型设计灵感来源于回旋镖的造型样式，使车辆更富有运动气息，给人一种很强的视觉感染力，突出了车型的运动基因。车尾造型饱满、简约、圆润。尾灯采用了贯穿式 LED 的形式，加上点阵灯珠的配合，给人一种很高级的视觉体验。车顶的贯穿式全景天窗与参数化设计相结合，增强了该车的科技感和未来感（图 5-77）。

内饰的设计十分富有科技气息，中控台采用贯穿式超大尺寸的液晶显示屏，能将车辆丰富的信息实时高效地展示给驾驶者，同时也提升了车辆的娱乐和交互性能，增强了可玩性。中控台的设计十分简约，上面很难发现实体按键，内饰的面料材质也使用了参数化纹样，使内饰细节十分精彩好看。动感的扁平式方向盘，造型十分前卫且极具科技感（图 5-78）。

另外，概念车根据设计程度的不同，实施制作过程也有所不同。比如，有些概念车只进行外表面的设计，那么就很有可能在直接生成三维计算机造型后，再用数控方式加工成塑料或者石膏外模型，然后进行修整喷漆，完成设计过程。还有一些概念车没有安装发动机和底盘系统，仅仅停留在模型阶段，是跑不动的汽车，这样的概念车设计就缺少样车装配这一过程。

图 5-77　车展模型 2

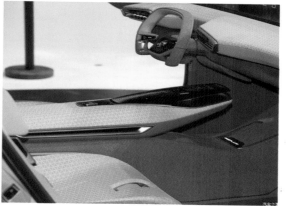

图 5-78　车展模型内饰

5.4 东风风神奕炫车的开发过程

下面介绍一下东风风神奕炫车的设计及开发过程。

2019 年 9 月,东风风神官方发布旗下全新紧凑型车——东风风神奕炫,该车为东风风神 e. π 概念车的量产版本,基于由东风集团与标致雪铁龙集团联合开发的 CMP 平台而打造的,作为东风集团首款新能源高性能轿跑概念车,设计理念体现了情感诉求、人文关怀和对未来美好生活的畅想,接下来具体跟大家分享汽车设计开发的流程。

下面介绍东风风神奕炫车开发设计案例,如图 5-79 所示。

图 5-79 东风风神奕炫车开发设计案例(东风集团提供)

该车采用大量来自东风集团 e. π 概念车上的设计元素,前脸造型侧重整体感,前大灯组与中网线条非常连贯地衔接,带来融为一体的视觉效果。凌厉的线条与矩阵式的光源让大灯显得十分光亮,配合饱满且充满折线的前包围和新潮的车身配色,营造出独特的运动风尚。

在开展造型工作之前,企划部门一般会委托市场调查公司针对国内消费者的需求、喜好、习惯等做出调研,通过市场调研对相关的市场信息进行系统的收集、整理、记录和分析,可以了解和掌握消费者的汽车消费趋势、消费偏好和消费要求的变化,确定顾客对新的汽车产品是否有需求,然后根据调研数据进行分析研究,总结出科学可靠的市场调研报告,为新车型研发项目提供科学合理的参考与建议,明确市场目标。有数据显示,"90 后"消费者已经逐步成为中国汽车市场的消费主力。2014 年,中国汽车市场"80 后"和"90 后"消费者的比例已经达到 53%;2015 年这群消费者的比例超过 58%,成为市场的绝对主流。预计到 2020 年,汽车消费市场"90 后"消费者将占据 45% 份额。由此可以看出"90 后"消费者群体才是日后中国汽车市场的主力军,那些还在以"中庸"自居的车型只会逐渐被消费者遗弃。正因如此,近几年无论是中国汽车市场还是全球汽车市场,各大车企推出的新车都越来越年轻化,越来越符合年轻消费者的审美需求。

本案例最终由企划部提供的商品概念报告显示:风神奕炫的目标用户是"90 后"年轻群体,该类用户的需求是突出个性、酷炫以及自由驾控(图 5-80)。

造型部门会根据这份报告正式开启造型工作,工作分为以下几个阶段。

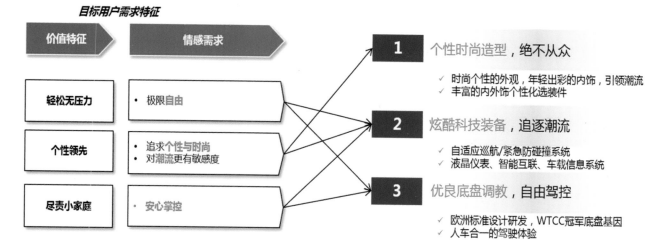

图 5-80　用户需求特征分析

1. 造型趋势分析阶段

确定造型主题和关键词。对同级别车型的造型风格分类，根据目标消费者的需求找到适合的造型方向；通过对同级别车造型特征及元素的分析，找到未来可能流行的趋势，如整车姿态、造型元素、形面特征等，为后面的造型创意工作提供基础。除了颜值要高，设计款式也要有韵味。由于东风风神奕炫车的"出生地"是在大江大湖的武汉，所以设计师便赋予了这款车水一般的流线型设计。水的力量感来自于其可以静止，也可以流动，静止的水给人的感觉是圆润、饱满而富有张力，流动的水则带着律动与跃动（图 5-81）。

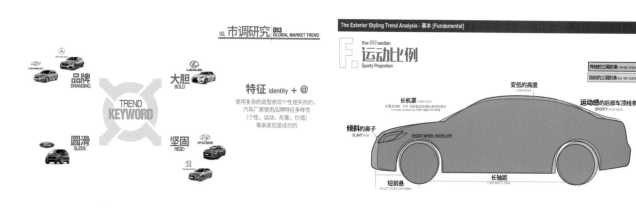

图 5-81　市场调研、车型比例、前灯及驾驶室

2．创意草图阶段

设计师在确定造型趋势并接收到造型设计主题报告和总布置图之后,开展创意草图的工作。因为一辆车从研发到投入量产一般需要五年左右的时间,所以设计在创意草图阶段必须是超前的。设计团队通过头脑风暴勾画出数十种创意草图,在这一过程中,要比较竞争对手的产品,拓宽思路,勾画出多种效果图,再从中选择较为满意的几种效果图,这些草图先经过内部专家小组的评审,然后拿到市场中进行几轮调研,确定初步的造型设计方案。在这个阶段会出大量的草图,有很多天马行空的想法,结合工程研究评选出符合造型趋势的方案,然后进入到下一阶段(图 5-82)。

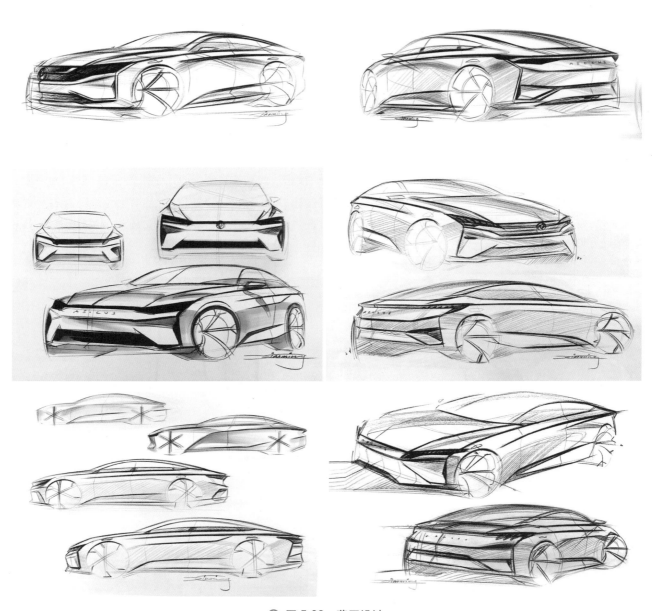

⬆ 图 5-82　草图设计

3．造型效果图阶段

当草图绘制到了一定阶段后,设计工作室内部会进行一次讨论,设计室负责人(比如设计总监)将从设计师的设计草图中挑出几个相对较好的创意进行深入的设计。接下来是绘制被选中草图的精细效果。随着计算机辅助设计的发展以及其所带来的方便和快捷,越来越多的设计师开始使用各种绘图软件进行效果图的绘制,主要的绘图软件有 Photoshop、Painter 及 Alias Sketchbook 等。设计师绘制精细效果图的目的是让油泥模型师或者数字模型师(其使用 3D 软件将设计师的设计由效果图变为三维的计算机数据模型,这种模型能够直接将数据输入五轴铣削机并铣削出油泥模型)看到更加清晰的设计表现效果,以便保证以后的模型能够更好地与设计师的设计意图相一致。造型效果图绘制完成后再进行市场调查,并根据市场调查意见进行方案调整,最终在效果图评审时选出两套内外饰方案,再进入下一阶段 (图 5-83)。

⬆ 图 5-83　效果图展示

4．CAS 阶段

这个阶段的设计就正式由二维转为三维。当车辆完成基本布局设计后,东风集团技术中心的型面设计师就会把效果图方案在计算机中完成数据建模。数模师一般借助 Alias 等三维制作软件的辅助进行模型的搭建。制作模型时会严格地守住工程结构点,比如整车的长、宽、高,车轮的尺寸,轴距等。此阶段需要注意的是:效果图由二维转为三维时难免会出现一些问题,因为既要保留设计师的创意意图,又要符合工程的要求,因此需要设计师配合数模师进行方案的调整,模型型面质量的好坏会直接影响实车的品质感 (图 5-84)。

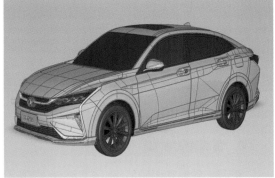

⬆ 图 5-84　计算机模型生成

5．小比例模型及全尺寸模型阶段

传统的小比例油泥模型和全尺寸模型是由模型师一点点雕刻出来的，正是因为设计灵感与实体雕刻的碰撞融合，才能达到东风轿车现在呈现出的设计美学高度。虽然现在已有很多大型机器可以辅助设计师打造油泥模型，但是反复雕琢却是让汽车这个工业化产品具有"温度"的有效手段，要保证不出一丝差错。如果缺少这一步骤，则模型将无法捕捉人与车之间的情感关联，也就无法表达设计师赋予车的灵魂。因此，模型设计师并非只是单纯的技工，而是拥有创造力的工匠。接下来可以将 CAS 数据导入五轴铣削机，用机器加工模型，减少模型制作的时间，增加方案推敲的时间。油泥模型评审的时候，最终会选出一套内外饰方案并进入下一个阶段（图 5-85）。

⬆ 图 5-85　油泥造型阶段

6．仿真模型阶段

油泥模型制作完毕后，根据需要会进行风洞试验，以测定其空气动力学性能；为了更直观地观察模型，通常进行贴膜处理，以便检查表面质量并产生逼真的实车效果。这时要进行一次全尺寸模型的评审会，从中选出最终的设计方案,并提出一些修改意见。油泥模型师根据修改意见调整油泥模型,修改完毕后再次进行评审,并最终确定造型方案,冻结油泥模型。至此造型阶段全部完成,项目进入工程设计阶段。该模型的制作目的是造型冻结,即造型方案从设计上不会有大的变更,通过市场调查再进行方案的最终确认(图 5-86)。

✦ 图 5-86　仿真模型

7. 车身曲面阶段

造型确定下来以后,就需要为工业化生产做准备了。型面质量上需要对间隙面差、曲面的连续性和高光、斑马纹等进行检查,数据也必须根据车身部、电器部、制造部等部门提出的工程可行性意见进行调整。整个汽车创意设计的工作在 A 级曲面发放后基本结束(图 5-87)。

✦ 图 5-87　检验模型

8．验证模型阶段

根据需要，这一阶段将进行风洞试验以测定其空气动力学性能。为了更直观地观察模型，通常会进行贴膜处理，以便检查表面质量和产生逼真的实车效果，严格准确地体现 A 面数据、间隙面差的定义信息等。至此，整个造型的内外饰创意工作结束（图 5-88）。

✙ 图 5-88　验证模型

9．色彩方案及模型确认阶段

最后需要对车身颜色、主色彩纹理、座椅面料等进行确认，不同的色彩和材质需搭配不同的车型配置，在符合趋势和满足开发成本的前提下给消费者更多的选择（图 5-89）。

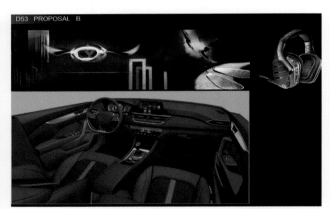

✙ 图 5-89　色彩模型

思考与练习

1. 根据产品的分类分析一下每类产品的设计特点,说出它们在设计时需要考虑的侧重点各有哪些不同。

2. 观察一下我们周边的环境,看看哪些地方需要进行设计。

3. 汽车是产品设计中较为系统的设计,是城市里必不可少的交通工具,人人都需要它。请设想一下未来的交通工具会是什么样子。

参 考 文 献

[1] 李梁军,张喆,吕梦为. 用户研究是产品创新的基点——记《中国文化创新设计工作坊》[J]. 装饰,2012(12).

[2] 张逦英. 文化创意产品价值的实现路径分析 [J]. 社会科学,2012(12).

[3] 李梁军,王莉莉,杨艺. 当代文化创意商品设计的思考——陆定邦教学实践析 [J]. 湖北美术学院学报,2012(4).

[4] 李梁军,胡爽,吴昊. 寻找问题的答案——记尼古拉·伯格先生设计课程的教学思想 [J]. 湖北美术学院学报,2011(3).

[5] 黄朝晖,伍玛璠,金彤彤. 校园文创产品开发设计与商业模式探析 [J]. 包装工程,2019(6).

[6] 鲁百年. 创新设计思维：创新落地实战工具和方法论 [M].2 版. 北京：清华大学出版社,2018.

[7] 迈克尔·G. 卢克斯,K. 斯科特·斯旺,阿比·格里芬. 设计思维：PDMA 新产品开发精髓及实践 [M]. 马新馨,译. 北京：电子工业出版社,2018.

[8] 邱松,等. 设计形态学研究与应用 [M]. 北京：中国建筑工业出版社,2020.

[9] 乔泱. 设计表达综合实训 [M]. 北京：电子工业出版社,2021.

后　记

经过一年多的紧张编写工作，《快题设计与表达》这本书终于即将出版了。这中间除了我们全体编写人员的辛勤工作外，还饱含了我们的期待。同时，也期待着读者对它的反馈。

这本书是一本理论和实用并举的专业书籍，是在教学、科研和实践的基础上编写而成的，其中的大部分内容分别在湖北美术学院和华中科技大学工业设计专业的相关课程中经过了多年的教学实践和论证。同时，也将最新的对外学术交流和科研成果融入了书中知识点的讲解之中。本书力求内容丰富、新颖、实用，对大学本科2～4年级的学生，以及准备参加高考和考研的同学们，都具有较高的学习参考价值。

由于编写时间较紧，疏漏之处仍在所难免，敬请读者能够一一指出，我们将不胜感谢！

最后，祝愿同学们在社会知识的传播上取得更大的成绩！

编　者
2023 年 1 月